KB183168

Y의 비극

남자들이 직면한 ─
Y 염색체 소멸의 진실

Y의 비극

구로이와 아사토 지음
장지현 옮김

시그마북스
Sigma Books

Y의 비극

발행일 2024년 12월 23일 초판 1쇄 발행
지은이 구로이와 아사토
옮긴이 장지현
발행인 강학경
발행처 시그마북스
마케팅 정제용
에디터 양수진, 최연정, 최윤정
디자인 정민애, 강경희, 김문배

등록번호 제10-965호
주소 서울특별시 영등포구 양평로 22길 21 선유도코오롱디지털타워 A402호
전자우편 sigmabooks@spress.co.kr
홈페이지 http://www.sigmabooks.co.kr
전화 (02) 2062-5288~9
팩시밀리 (02) 323-4197
ISBN 979-11-6862-308-8 (03470)

「Y」NO HIGEKI
OTOKOTACHI GA CHOKUMENSURU Y SENSHOKUTAI SHOMETSU NO SHINJITSU
Copyright © 2024 Asato Kuroiwa
All rights reserved.
Original Japanese edition published in Japan by Asahi Shimbun Publications Inc.
Korean translation rights arranged with Asahi Shimbun Publications Inc.
through Imprima Korea Agency.

이 책의 한국어판 저작권은
Imprima Korea Agency를 통해
Asahi Shimbun Publications Inc.과의 독점계약으로 시그마북스에 있습니다.
저작권법에 의해 한국 내에서 보호를 받는 저작물이므로 무단전재와 무단복제를 금합니다.

파본은 구매하신 서점에서 교환해드립니다.

* 시그마북스는 ㈜시그마프레스의 단행본 브랜드입니다.

시작하며

인간의 Y염색체는 퇴화하고 있으며, 언젠가 사라져 없어진다. Y는 오늘날 이렇게 현재 진행 중인 비극의 소용돌이 속에 있다. 만약 Y가 완전히 없어지면 도대체 우리는 어떻게 되는 것일까?

구약 성서에는 세계 최초의 인류는 '아담(남성)'이고 '이브(여성)'는 아담의 갈비뼈로 만들어졌다고 쓰여 있다. 그러나 여러 가지 설이 있지만, 과학적 견해에서는 인간 성의 기본값 '원형'은 여성이고, 남성은 여성을 커스터마이즈(설정 변경)해서 만든 '모형'이라고 말한다. Y염색체는 커스터마이즈할 때 필수적인 도구로, Y염색체가 없으면 남성을 만들 수 없다.

즉 Y염색체는 남성에게 없으면 안 되는 존재다. 그럼에도 불구하고 Y염색체는 사라질지도 모른다….

Y염색체가 사라지면 남성은 태어나지 않는 것일까?

그리고 남겨진 여성만으로는 자손을 남길 수 없으니 Y염색체의 소멸은 인류 멸망을 의미하는 것일까?

애초에 Y염색체는 왜 계속 퇴화하고 있는 것일까?

Y염색체가 가진 문제는 인간이라는 종의 존속에 영향을 미치는 장대한 진화에 관계된 것만이 아니다. 사실 좀 더 친숙하고 심각한 문제도 안고 있다. 지금 이 책을 손에 들고 있는 당신의 신체 세포에서 Y염색체가 사라지고 있을지도 모른다. 그리고 Y염색체의 소멸은 남성 질환과도 깊은 관련이 있다고 알려져 있다.

Y염색체는 왜 사라질 운명에 처해 있을까?

남성에게 없어서는 안 되는 Y염색체의 과거와 미래는 무엇이며, 지금 인간의 Y염색체에는 어떤 일이 일어나고 있는가? 이 책에서는 Y가 짊어진 비극과 농락당하는 남성의 운명에 대해 이야기하고자 한다.

Y염색체가 없으면 남성은 태어나지 않는다. 왜냐하면 Y염색체에 남성을 만들어내는 성 결정 유전자가 존재하기 때문이다.

아직 어머니 배 속에서 2cm도 되지 않는 작은 태아일 때, 남성이 되는 것을 결정하는 성 결정 유전자의 기능이 스위치가 되어 남성화가 시작된다. 남성화에 필요한 도구는 Y염색체나 유전자만 있는 것은 아니다. 호르몬 또한 중요한 역할을 담당하고 있다. 남성 호르몬은 태아일 때 대량으로 분비되어 남성화를 촉진하고, 사춘기가 시작될 무렵에는 더욱더 남성다운 신체를 만들고 유지하기 위한 기능을 한다.

"남성화의 필수 도구인 DNA, 염색체, 유전자, 호르몬 등의 명칭이나 기능은 들어본 적 있고 알고는 있지만……." 이렇게 말하는 사람도 많을 것이다. 이 책에서는 각각의 역할과 관계에 대해 이야기하고 남성이 어떻게 만들어지는지 소개한다.

타고난 염색체나 유전자, 호르몬의 기능에 따라 신체적인 남성다움, 여성다움이 만들어진다.

학교 과학 수업에서 배웠던 기억이 있는 사람도 적지 않을 텐데, 인간은 23쌍의 염색체를 가지고 있다. 그중 한 쌍이 성을 결정하는 데 남녀 간에 차이가 있다. 여성은 X염색체 2개인 XX형이고, 남성은 X염색체와 Y염색체를 1개씩 가지는 XY형이다. X염색체와 Y염색체 안에 있는 유전자는 그 수와 종류 모두 크게 다르다. 즉, 남성과 여성은 가지고 있는 유전자의 수와 종류가 다르다. 그리고 여성은 여성 호르몬을 많이 분비하는 반면 남성은 남성 호르몬을 많이 분비하여 각기 다르게 활용하고 있다.

이처럼 남성과 여성에게 생물학적 차이가 존재한다는 것은 틀림없는 사실이다. 그리고 그 차이가 우리에게 많은 영향을 미치고 있는데 특히 관심이 가는 것 중 하나가 성별에 따른 수명의 차이다. 일본은 세계적인 장수 대국으로 알려져 있지만, 모두 아는 것처럼 평균 수명은 남성보다 여성이 긴 경향이 있다. 평균 수명은 나라마다 다르지만, 여성의 평균 수명이 더 긴 경향은 일본뿐 아니라 세계 각국에서 똑같이 나타난다. 즉 인간은 남성보다 여성이 더 오래 산다는 성별 차이가 존재한다.

왜 남성은 여성보다 수명이 짧을까?
환경이나 사회적인 요인 때문일까?
아니면 남성화 도구인 Y염색체나 유전자, 호르몬 때문일까?

이 책에서는 과학적인 연구를 통해 성별에 따른 수명의 차이를 추적한다.

인간 남녀에게 생물학적인 차이가 분명 존재한다고 앞서 설명했다. 그러나 최신 과학 연구에서는 오래전부터 존재했던 '남과 여'라는 이분법적 고정관념이 부정되고 있다.

애초에 생물은 자손을 남기기 위해 '성'을 사용하지 않았다. 분열 등으로 자신의 복제품을 만드는 간단한 방법으로 자손을 늘렸다. 지구상에 존재하는 생물의 장대한 진화의 역사를 보면 '성'을 갖게 된 것은 꽤 최근의 일이다. 게다가 그것은 암컷과 수컷일 필요도 없었다.

수많은 생물을 살펴보면 성은 반드시 두 개라고 할 수는 없다. 지구상에는 다양한 성이 있고 인간 또한 예외가 아니다. 다양한 성의 모습은 길고 긴 세월 속에서 생물이 걸어온 훌륭한 진화의 증거다.

성이 두 개가 아니라는 것은 어떤 뜻일까?

우리의 성에는 어떤 베리에이션(다양성)이 있을까?

그것은 어떻게 결정되는 것일까?

지금까지 당신이 가지고 있었던 개념을 뒤집는, 다양하고 유연한 '성'의 모습에 대해 이야기하고자 한다.

'남성다움' VS '여성다움'

오래전부터 존재했던 이 고정관념은 지금도 여전히 우리의 무의식에 뿌리를 내리고 있다.

뇌는 인간의 행동과 사고를 관장한다. 유전자와 호르몬은 두뇌의 성장과 기능에 영향을 미친다. 그리고 고전적인 뇌 연구에서 남녀의 뇌는 명확한 차이가 있고 그로 인해 소위 '남성다움', '여성다움'이 만들어진다고 여겨졌다.

그러나 최신 과학 연구에서는 뇌에 '성차'를 넘어서는 '개인차'가 존재한다는 사실을 시사하고 있다.

또한 뇌는 성장 과정에서 주변 환경에 크게 영향을 받고 성인이 되어서도 변화한다는 사실 등이 밝혀졌으며, 사회적 성인 '젠더'가 두뇌 발달과 관계가 있다는 점도 알려져 있다.

최근 우리를 둘러싼 사회는 크게 바뀌어 결혼관이나 젠더관 등 여러 가지 가치관의 다양화가 진행되고 있다.

'남성 뇌', '여성 뇌'는 존재하는가?

생물학적 성과 사회적 성은 어떤 관계가 있을까?

동성애나 성적 자기 인식에 유전자나 호르몬의 영향이 있을까?

'젠더리스'는 Y염색체의 영향을 받을까?

이러한 의문에 접근하는 최신 성차 연구를 소개하겠다.

오래전부터 남녀의 차이는 사람들의 큰 관심사였다. 그래서 국내외를 막론하고 성차와 관련된 책이 상당히 많이 출간되고 있다. 그러나 그런 책들을 읽으면 '과학적 근거가 있는 것일까?'라는 생각이 강하게 든다. 그래서 내가 책을 쓸 때는 연구 논문으로 보고된 과학적 근거(에비던스)가 있는 것을 소개하고자 했다. 한층 더 차별화하기 위해 이 책에서는 되도록 최신 연구 보고를 참고했고 특히 일본인을 대상으로 한 연구 또는 일본 내에서 실시된 연구를 채택했다.

많은 연구자들이 수수께끼를 풀기 위해 애쓰고 있고 연구는 나날이 진보하고 있다. 반면 좀처럼 원인을 밝히는 데까지 도달하지 못하는 경우도 있다. Y염색체는 분명 엄청난 수수께끼와 매력을 품고 있어 과학자들을 매료시켰다. 이 책을 계기로 여러분 역시 Y염색체라는 늪에 빠지게 된다면 그보다 기쁜 일은 없을 것이다.

차례

제1장

인간의 성은
어떻게 결정되는가

교과서와 실제

인간의 성은
어떻게
결정되는가

교과서와 실제

먼저 우리의 성이 어떻게 결정되고 만들어지는지를 알아보자. 여기서 이야기하는 내용은 어디까지나 생물학 교과서에 나오는 전형적인 예시라는 것을 전제로 하겠다.

　나중에 이야기하겠지만, 우리의 성은 다양하며 반드시 모두 똑같이 결정되고 만들어지는 것은 아니기 때문이다.

🔗 DNA · 유전자 · 염색체의 관계

성별을 결정하는 구조를 이해하려면 DNA(데옥시리보핵산), 유전자,

염색체의 관계를 이해할 필요가 있다. 이 단어들을 들어본 적도 있고 어떤 이미지인지 떠올릴 수도 있지만, 막상 구체적으로 설명하려고 하면 적지 않은 사람들이 잠깐… 하고 멈칫하게 될 것이다.

먼저 사람의 DNA는 어디에 있는 것일까?

인간의 신체는 약 37조 개에 달하는 세포로 이루어져 있다. 그리고 이 세포 내의 핵이라는 기관(세포 내 소기관) 안에 DNA가 포함되어 있다.

그리고 DNA는 뉴클레오타이드라는 분자가 연결된 사슬이다. 분자생물학자 제임스 왓슨과 프랜시스 크릭은 이 DNA의 구조를 발견했고 1953년에 DNA는 이중 나선 구조로 되어 있다고 발표했다. 이들은 이 공로를 인정받아 노벨 생리학상·의학상을 수상한 것으로 매우 유명하다. 그들의 연구는 「네이처」라는 국제적인 일류 과학잡지에 게재되었는데, 놀랍게도 이 논문은 2페이지(실제로는 1페이지 조금 넘는 분량) 정도로 짧았다[1]. 매우 짧지만 20세기 최고의 논문이라고도 불린다.

DNA를 구성하고 있는 염기서열에는 유전 정보로서 작용하는 것과 그렇지 않은 것이 있다. 즉 DNA에는 유전 정보를 가진 부분과 그렇지 않은 부분이 존재한다는 것이다. 이 중 전자에는, 예외도 있지만 세포의 종류에 따라 작용하는 특정 단백질의 설계 정보가 기록되어 있고 이 영역을 유전자라고 부른다. 단백질은 인체에서 많은 부분을 차지하고 있으며 생체의 건조 중량 중 60~70%가 단백질이라고 한다. 합성되는 단백질의 종류와 양이 사람의 신체 구조와 기능을 결정하는데, 이러한 단백질의 합성을 유전자가 통제한다.

인간의 유전자는 전부 밝혀지지 않았기 때문에 정확한 수는 알려지지 않았지만, 2018년 미국 존스홉킨스대학 연구팀이 발표한 데이터에 따르면 대략 2만 1,000개라고 한다[2]. 인간 유전자의 총 개수를 밝혀내는 것은 현대 의학의 중요한 과제 중 하나로 알려져 있고, 과학자마다 견해가 달라서 고등학교 교과서에도 출판사마다 그 숫자가 다르다. 향후 연구에 따라 숫자가 달라질 가능성이 높다.

2만 1,000개라는 숫자가 상당히 많은 것 같지만, DNA 배열 전체 중에 단백질을 만드는 기능이 있는 유전자의 염기서열이 차지하는 비율은 단 1~2% 정도라고 보고 있다. 나중에 설명하겠지만 DNA는 세포 내에서 23쌍 염색체 안에 작게 접힌 상태로 저장되어 있다. 한 개의 세포 안에 있는 DNA를 연결하면 길이가 대략 2m 정도 된다고 알려져 있다. 즉 2m인 DNA 가운데 유전자 염기서열은 겨우 2~4cm에 불과하다는 뜻이다. 그렇다면 '우리 DNA의 대부분은 필요 없는 배열인가?'라는 생각이 들 수도 있다.

1990년 인간 DNA의 전체 염기서열을 밝히기 위해 전 세계 과학자들의 지혜를 결집하여 인간 게놈 프로젝트를 시작했다. '게놈'이라는 말은 DNA가 가진 유전 정보 전체를 가리킨다. 그래서 인간 게놈은 인간의 설계도라고도 불린다. 10년 이상 진행된 이 프로젝트는 2003년에 종료되었다. 이렇게 우리 유전자의 실체가 밝혀질 당시,

세계의 과학자들은 유전자 염기서열이 1~2%에 불과할 정도로 지극히 적다는 사실에 경악하며, 그들 역시 우리가 생각한 것처럼 DNA의 대부분이 필요 없는 것인가 하는 의문을 품었다. 하지만 계속 연구를 진행하며, 유전자 이외의 배열도 다양한 형태로 우리가 생명을 유지하는 데에 중요한 역할을 한다는 사실을 알게 되었다.

🔗 2m짜리 DNA의 콤팩트 수납법

2m에 달하는 긴 DNA는 작은 세포 안에, 그보다 더 작은 핵이라는 구조 속에 수납되어 있다. 핵은 세포의 종류에 따라 크기가 다른데, 지름이 대략 5~10μm(마이크로미터) 정도 된다고 알려져 있다. 마이크로미터는 1mm의 1,000분의 1에 해당하는 길이니까 얼마나 작은 구조 안에 그렇게 긴 DNA가 수납되어 있는지 알 수 있다. 그냥 무질서하게 DNA를 정리하면 핵 속에 들어가지 않을 텐데, 이렇게 콤팩트한 수납을 가능케 하는 것이 염색체다.

염색체는 DNA를 규칙적으로 정리하여 엮은 구조체다. 즉, 유전자 염기서열을 포함한 모든 DNA가 깔끔하게 정리된 것이 염색체다. 염색체라는 구조를 취한 덕분에 생물은 많은 DNA를 가질 수 있게 되었고 다양하게 진화했다고 여겨진다.

염색체는 생물종에 따라 그 수가 정해져 있다. 인간이라는 종은

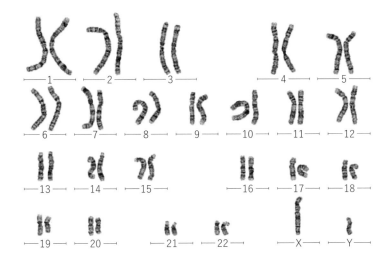

그림 1-1 남성의 염색체
46개 가운데 번호가 붙어 있는 것을 상염색체, 알파벳 X, Y가 붙은 것을 성염색체라고 부른다.

46개로 정의하고 있지만 실제로는 선천적으로 46개보다 조금 많거나 혹은 적거나, 또는 노화나 병든 세포(암) 등으로 인해 그 수가 바뀌는 경우도 있다고 알려져 있다. 나중에 소개하겠지만 이 책의 메인 테마인 'Y염색체의 소멸'이 일어나서 개수가 바뀌는 경우도 있다고 한다.

그림 1-1은 인간의 염색체를 나타내고 있다. 염색체는 어머니와 아버지로부터 각각 23개씩 물려받아 2개씩 쌍으로 구성되어 있다. 총 46개 중 44개는 1부터 22까지 번호가 있는데 한쪽은 어머니에게

서, 다른 한쪽은 아버지에게서 받은 것이라 각각 2개씩 있는 것이다. 번호가 붙어 있는 염색체는 남녀 차이 없이 동일한 것이라 '상염색체(또는 보통염색체)'라고 불린다. 남녀 공통으로 가지고 있어 '항상' 존재한다는 이미지랄까.

나머지 2개는 남성과 여성이 다르게 조합되어 있다. 이것을 상염색체와 구분하여 '성염색체'라고 부른다. 큰 쪽이 X염색체, 작은 쪽이 Y염색체라고 불리며, 우리의 성별을 결정하는 데에 큰 역할을 담당하고 있다.

♂ 액세서리 염색체

세계에서 처음으로 성염색체(X염색체)가 발견된 것은 1891년이다. 독일의 생물학자 헤르만 헨킹이 노린재류의 정소 세포 안에서 X염색체를 발견했다[3]. 그때는 유전자 정보를 담당하는 DNA가 염색체에 포함되어 있다는, 지금은 당연하게 여겨지는 중요한 사실에 대한 이해가 아직 없는 시대였다. 그래서 헨킹은 X염색체의 역할이나 중요성은 모른 채, 다른 염색체와 달리 독립적으로 보이는 이 염색체를 'X염색체'라고 명명하여 논문을 발표했다.

헨킹이 왜 X염색체라고 이름 붙였는지는 여러 가지 가설이 있다. 정체불명이라서 '수수께끼의 X'라는 의미로 붙였다거나, '엑스트라

(여분)의 X'에서 따왔다거나, 또는 X염색체의 형태가 알파벳 X 모양과 닮았기 때문이라는 설도 있다. 완전히 비슷하지는 않아서 이 가설은 신빙성이 낮은 편이다.

Y염색체의 존재가 보고된 것은 X염색체가 발견된 후 15년이 지난 1905년의 일이다[4]. 미국 펜실베이니아 브린모어 칼리지에서 보조 연구원으로 일하던 네티 마리아 스티븐스가 갈색거저리라는 딱정벌레의 정소 세포에서 발견했다. 스티븐스는 매우 작은 그 염색체를 아주 주의 깊게 관찰했고 논문에는 'Accessory Chromosome(부염색체)'이라고 표현했다. 사실 스티븐스가 발표하기 전에 독립된 작은 염색체의 존재가 보고되었지만 확증을 얻지는 못했다. 스티븐스는 논문에서, 하나의 성에만 관찰되는 것으로 보아 이 작은 염색체가 성 결정에 관련된 것이 아닌지 고찰했다.

여담이지만 나는 그 당시 사용했던 '액세서리 염색체'라는 표현이 매우 마음에 든다. 실제 영어 뉘앙스와는 다를지도 모르겠지만 톡 얹어진 장식처럼 존재하는 작디작은 염색체를 귀엽게 표현하는 것 같다는 생각이 들기 때문이다. 스티븐스가 이 작은 염색체를 발견하고 두근거리는 마음으로 열심히 관찰하는 모습이 상상된다.

스티븐스의 발견 이후, 갈색거저리 외의 생물에서도 수컷만 가진 염색체가 발견되었다. 이미 발견한 X염색체 이름을 따서 알파벳 X 다음이 Y니까 수컷만 가지고 있는 이 작은 염색체를 Y염색체라고 부르게 된 듯하다.

우리 인간들도 Y염색체가 있다는 사실을 알게 된 것은 그 후로 꽤 시간이 지난 다음의 일이다. 스티븐스의 발견 당시는 물론이고 그 후로도 오랫동안 인간의 염색체 수 자체를 제대로 알지 못했다. 인간의 염색체를 처음 관찰한 1880년대에는 대략 22~24개 정도로, 실제 개수의 절반 정도만 확인되었다. 인간의 염색체 수는 46개이고 성염색체는 X와 Y라는 사실을 확실히 알게 된 것은 1956년이었다. 앞서 말했듯이 1953년에 왓슨과 크릭이 DNA의 나선 구조를 밝혀냈다. DNA의 집합체가 염색체이기 때문에 염색체는 DNA보다 클 수밖에 없는데 DNA 구조가 늦게 밝혀져 그제야 염색체 수를 제대로 셀 수 있게 되었다. 그 정도로 당시 기술로는 인간의 염색체를 관찰하기가 어려웠다.

♂ 성 결정 유전자 발견의 역사

여성은 X염색체를 2개 가진 XX형, 남성은 X염색체와 Y염색체를 1개씩 가진 XY형이다. 우리의 성은 Y염색체의 유무로 결정된다. 즉 Y가 있으면 남성, Y가 없으면 여성이 된다는 것이 일단 규칙이지만, 인간의 염색체가 밝혀졌을 당시에는 X염색체 개수로 성별이 결정된다고 여겼다. 왜냐하면 유전학 등의 연구에서 오래전부터 쓰였던 노랑초파리가 XX/XY형의 성염색체를 가지고 있었는데 X염색체의 개

수(정확히는 상염색체와 X염색체의 비율)로 성별이 결정된다는 사실이 먼저 밝혀졌기 때문에, XX/XY형의 성염색체를 가진 인간도 분명 노랑초파리와 똑같을 것이라고 생각했던 것이다.

그런데 점차 인간과 노랑초파리의 성 결정 양식이 다르다는 사실을 알게 되었다. 계기가 된 것은 염색체 수 변이다. 앞서 언급했듯이 노랑초파리와 사람 모두 염색체 수가 조금 많거나 적은 경우가 있다. 나중에 제4장에서 이야기하겠지만 성염색체는 특별한 특징을 가지고 있어서 상염색체에 비해 수 변이가 쉽게 일어나는 것으로 알려져 있다.

수 변이에 의해 태어난 성염색체가 XXY라는 개체의 경우, X염색체의 개수로 성이 결정되는 노랑초파리는 X의 수가 2개로 XX개체와 같으니 암컷이 된다. Y의 유무는 암수를 결정하는 데에 영향을 주지 않는다. 그러나 사람이 XXY로 태어난 경우, 표현형은 남성형이 된다. 반면 마찬가지로 수 변이에 의해 태어난 XO(O는 제로라는 의미)라는 X염색체가 하나뿐인 개체의 경우, 노랑초파리의 성은 XY와 같은 수컷이 되지만 사람은 여성형이 된다. 이러한 사실이 확인되었기 때문에 1950년대에 들어서는 인간은 X염색체가 아니라 Y염색체에 성 결정권이 있는 것이 아닌가 하는 사실을 알게 되었다.

그리고 1960년대에는 Y염색체에 있는 단 하나의 유전자가 남성화를 결정하는 것까지 밝혀냈다. 그러나 그 유전자가 무엇인지는 여전히 명확하지 않은 상태였다.

1980년대 들어 유전자 분석 기술이 발전하면서 '인간의 성 결정 유전자를 반드시 우리가 최초로 발견하겠다!'라는 세계적인 경쟁이 일어났다. 성 결정 유전자 발견의 첫 스타트를 끊은 곳은 미국의 화이트헤드 연구소 그룹이었다. 지금도 여전히 Y염색체 연구에서 세계적으로 이름을 떨치고 있는 과학자인 데이비드 페이지 박사를 필두로 한 연구진은 Y염색체상의 ZFY라는 유전자야말로 성 결정 유전자라고 주장했다[5].

🔗 뒤집힌 세기의 발견

세계는 단숨에 '성은 ZFY 유전자로 결정된다!'는 조류에 편승했다. 하지만 이는 잠깐이었는데, 페이지 박사팀의 보고 2년 후 세기의 대발견에 그림자를 드리우는 불온한 보고가 있었던 것이다. 그것은 염색체는 XX형이지만 남성 표현형을 가진 네 명의 성염색체를 조사한 보고였다. 영국 왕립암연구기금(당시)의 연구진은 이 네 명의 X염색체에 Y염색체 일부 영역이 이동했다는 사실을 밝혀냈다[6].

염색체에 일어나는 변이 중 하나로, 어떤 염색체의 영역이 다른 염색체로 이동한다고 알려져 있는데 이를 '전좌'라고 부른다. 분석 대상이었던 네 명은 성염색체는 XX였지만 X염색체에 Y염색체의 일부가 전좌되어 Y염색체의 일부 영역을 가지게 된 것이다. 즉 이동한

Y염색체의 영역에 성 결정 유전자가 존재한다는 뜻으로, 염색체는 XX만 있더라도 성 결정 유전자가 작용하여 남성이 된 현상이 일어난 것이다. 그래서 그 Y염색체 영역을 분석해보니 거기에는 ZFY 유전자가 포함되어 있지 않았다.

게다가 이듬해에 같은 연구진이 이동한 Y염색체 영역의 배열을 결정하는 새로운 유전자가 존재한다는 사실을 밝혀냈다[7]. 그 유전자는 SRY('Sex-determining Region Y'의 약자)라고 이름 붙였다. 그리고 바로 다음 해인 1991년, 같은 연구진은 인간과 같은 포유류인 생쥐로 Y염색체상에 Sry 유전자[*1]가 있다는 사실을 확인하고 XX형인 생쥐에 Sry 유전자를 삽입한 트랜스제닉 마우스[*2]를 만들었다. 그 결과, 원래 암컷이어야 할 생쥐가 Sry 유전자 때문에 수컷으로 성전환되었다. 이 논문은 Sry 유전자가 포유류의 성 결정 유전자라는 사실을 증명한 것으로 매우 유명해졌고, 수컷이 된 XX형 생쥐의 사진은 논문이 게재된 과학 잡지 「네이처」의 표지를 장식했다.

그 후 Sry 유전자에 대한 연구가 진행되었고, Sry 유전자는 Y염색체에만 존재하며 이 유전자가 활동하면 정소가 생긴다(즉 수컷이 된

---

*1 일반적인 유전자명을 가리킬 때는 모두 대문자, 생쥐의 유전자는 첫 글자만 대문자, 인간의 유전자는 모두 대문자로 쓴다는 유전학 세계의 법칙이 있다.

*2 어떤 특정한 유전자를 수정란 등의 세포에 주입하여, 주입된 유전자 정보가 담긴 개체를 '트랜스제닉 동물'이라고 부른다. 여기서는 생쥐를 사용했기 때문에 트랜스제닉 마우스라고 부른다.

다)는 것, 그리고 거의 모든 포유류, 정확하게는 유태반류와 유대류
(69~71쪽 참조)가 공통으로 가지고 있다는 것 등을 알게 되었다.

♂ 인간의 기본값은 여성?

그렇다면 왜 SRY 유전자가 있으면 정소가 생기고 남성이 되는지 그
구조에 대해 이야기해보자.

 생물학적인 성의 정의에서는 난자를 만드는 개체를 암컷, 정자를
만드는 개체를 수컷이라고 본다. 난자를 만드는 생식 기관은 난소,
정자를 만드는 생식 기관은 정소이므로 난소를 가진 개체는 암컷,
정소를 가진 개체는 수컷이 되는 것이다. 즉 이 개체가 난소를 가질
지 또는 정소를 가질지를 결정하는 것을 '성 결정'이라고 부른다.

 인간의 경우 XX형은 여성, XY형은 남성이라는 일종의 규칙이 있
기 때문에 성염색체 조합을 결정하는 것이 '성 결정'이라고 생각하
는 사람이 상당히 많다. 실제로 중학교와 고등학교, 심지어 대학에
서조차 이렇게 가르치고 있는 사례가 적지 않다. 하지만 이것은 사
실과 다르다.

 성염색체 조합은 수정할 때 결정된다. X염색체를 가진 난자가 X염
색체를 가진 정자와 수정하면 그 수정란은 XX가 되고, Y염색체를
가진 정자와 수정한 수정란은 XY가 된다. 성염색체 조합은 수정란

단계에서 결정되지만, 수정란은 그저 하나의 세포라 나중에 난소와 정소 중 어떤 것을 만들지 이 단계에서는 아직 알 수 없다.

그렇다면 그 운명이 언제 결정되느냐 하면, 인간의 경우는 임신 8주 차 정도라고 여겨진다(그림 1-2). 임신 8주 차 무렵의 태아에게는 생식샘*3이라 불리는 한 쌍의 기관이 생긴다. 생식샘은 나중에 난소 또는 정소가 되는 기관이다. 이 시기의 생식샘은 아직 난소도 정소도 되지 않은 상태라 '원시 생식샘' 또는 '미분화 생식샘'이라고 불린다. 그리고 원시 생식샘은 성염색체가 XX나 XY나, 난소 또는 정소 중 어느 것이든 될 수 있는 능력이 있다고 여겨진다. 즉 XX라도 정소를 만들 수 있고 XY라도 난소를 만들 가능성이 충분하다는 뜻이다. 그래서 성염색체 조합이 정해졌다 하더라도 '성별이 결정되었다'고 할 수는 없다.

그러고 나서 임신 8주 차가 분기점이 된다. 이즈음에 XY인 성염색체를 갖고 있으면 Y염색체상에 SRY 유전자가 작용한다. SRY 유전자가 생산하는 단백질은 전사 인자라고 불리는데, 정소를 만들기 위해 필요한 다른 유전자에 작용하여 정소의 분화를 유도한다. SRY 유전자의 활동이 시발점이 되어 정소가 만들어지기 때문에 나는 SRY 유전자를 '남자 스위치'라고 부른다.

---

*3 정자나 난자와 같은 배우자(配偶子)라 불리는 생식 세포를 만들어내는 기관. 척추동물에는 정소와 난소가 있다.

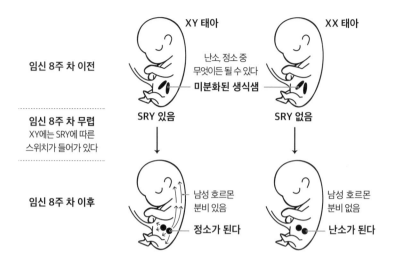

그림 1-2 정소·난소가 생기는 구조(성 결정의 구조)
태아 형태는 실제 발생 단계의 모양은 아니다. 그리고 정소와 난소가 만들어지는 시기는 다르다.

　한편 성염색체가 XX라면 Y염색체가 없고 SRY 유전자도 없으니 스위치가 켜지지 않아 난소가 만들어진다. 여러 가지 의견이 있지만, 인간 성의 기본값은 여성이라고 여겨진다. 딱히 아무것도 없으면 난소가 만들어져 여성이 되므로, SRY 스위치에 의해 억지로 남성을 만들어낸다는 이미지가 있다.

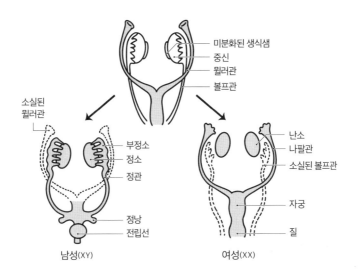

미분화된 생식샘
중신
뮐러관
볼프관

소실된
뮐러관

부정소
정소
정관

정낭
전립선

남성(XY)

난소
나팔관
소실된 볼프관

자궁
질

여성(XX)

그림 1-3 생식 기관의 성 결정

♂ '남자 스위치'가 켜지면⋯⋯

SRY 스위치가 있느냐 없느냐에 따라 정소와 난소 중 어떤 것을 만들어질지 전환이 이루어지는데, 정소와 난소 이외의 생식 기관은 어떻게 만들어지는 것일까?

그림 1-3을 살펴보자. 임신 8주 차 정도인 인간 태아의 신체 안에 있는 일부 기관을 보여주는 것인데, 이 그림을 보면 정소 또는 난소가 되는 생식샘 바로 옆에 볼프관, 뮐러관이라 불리는 두 종류의 관

이 존재한다. 생식샘과 더불어 이 두 기관이 생식 기관 발달에 매우 중요하다.

SRY 유전자의 발현을 시작으로 정소가 분화하면 정소는 두 종류의 호르몬을 생산한다. 하나는 항뮐러관 호르몬이라 불리는데, 이름 그대로 이 호르몬의 작용을 받으면 뮐러관이 퇴화하여 소실된다. 그리고 정소는 다시 한번 또 다른 호르몬인 남성 호르몬(안드로겐)을 분비한다. 볼프관은 남성 호르몬을 흡수하며 발달하고 최종적으로 부정소(정소에서 만들어진 정자를 사정할 때까지 저장하는 장소), 정관(정자가 지나가는 관), 정낭(정낭액을 분비하여 사정할 때 정자와 섞여서 정액이 된다) 등으로 발달한다.

SRY 유전자가 없으면 난소가 만들어지고 항뮐러관 호르몬도 남성 호르몬도 분비되지 않는다. 볼프관은 남성 호르몬을 받지 않으면 자연스럽게 사라지기 때문에 뮐러관만 남고, 남겨진 뮐러관은 최종적으로 나팔관, 자궁, 질의 일부 등으로 발달한다.

♂ 호르몬도 중요하다

여기서 등장한 '호르몬'에 대해 잠깐 설명하겠다. 호르몬은 신체의 다양한 기능 조절을 수행한다. 주로 생명 기능을 유지하거나 성장과 성숙, 생식 기능을 담당하는 중요한 전달 물질이다. 뇌의 시상하부,

갑상샘, 췌장이나 난소·정소와 같은 다양한 기관에서 분비되며 100종류가 넘는다고 알려져 있다.

이처럼 우리 몸에는 상당히 많은 호르몬이 존재하며 다양한 작용을 하고 있는데, '아주 적은 양으로 효과가 있다'는 것이 호르몬의 공통적인 특징으로 알려져 있다. 어느 정도 적은 양으로 기능하느냐 하면, 일본 내분비학회 공식 사이트에서는 '물을 가득 채운 50m 수영장에 호르몬을 한 스푼 정도 넣고 섞은 정도'라고 설명하고 있다[8]. 기관에서 분비된 호르몬은 혈액 속으로 방출되어 멀리 떨어져 있는 다른 기관의 세포까지 이동하는데 혈액 속의 호르몬 양은 아주 극소량이다.

생식 기관의 발달과 신체의 성적 특징을 만드는 역할을 하는 호르몬을 '성호르몬'이라고 하는데, 특히 여성의 특징을 만들고 조절하는 성호르몬을 '여성 호르몬', 남성의 특징을 만들고 조절하는 성호르몬을 '남성 호르몬'이라고 부른다. 두 가지 모두 여러 호르몬을 한데 묶어 부르는 명칭이다. 그리고 주로 남성 호르몬은 정소에서, 여성 호르몬은 난소에서 분비된다.

성호르몬은 그 이름이 주는 이미지가 먼저 떠올라서 잘못된 인식을 갖는 경우가 많은 듯하다. 예를 들어 여성은 '여성 호르몬'만, 남성은 '남성 호르몬'만 분비하고 이용하는 것으로 생각하기 쉽지만 그렇지 않다. 여성과 남성 모두 두 가지 호르몬을 분비하고 이용하고 있다. 단지 분비량과 의존도가 다른 것이다.

성호르몬은 인간의 체내에 있는 지방질 중 하나인 콜레스테롤을 원료로 하여 만들어진다. 콜레스테롤에 몇 가지 효소가 작용하여 변환된 것이 남성 호르몬이다. 거기에 다른 효소의 작용으로 남성 호르몬이 변환되어 일부 여성 호르몬이 만들어진다. '여성 호르몬'과 '남성 호르몬'은 전혀 다른 물질이라고 생각하는 경우도 있는데 그 또한 오해다. 두 호르몬은 화학 구조를 아주 조금만 바꾸면 변환할 수 있다.

여성은 기본적으로 정소가 없다. 그래서 좌우 콩팥 위에 하나씩 있는 '부신'이라는 기관과 난소에서 콜레스테롤을 생산하고 변환하여 남성 호르몬을 만든다.

그렇다면 여성의 신체에서 남성 호르몬은 어떤 역할을 할까?

남성이든 여성이든 노화나 스트레스, 생활 환경의 변화 등 다양한 요인에 의해 남성 호르몬의 분비량이 부족하거나 제대로 기능하지 못할 때가 있는 것으로 알려져 있다. 여성에게 남성 호르몬이 극단적으로 부족하면 난포[4]의 발육에 문제가 생기는데, 이러한 현상은 쥐를 대상으로 한 실험에서도 확인되었다. 실험적으로 남성 호르몬이 작용하지 않도록 만든 암컷 쥐는 일반적인 암컷에 비해 출산 횟수가 절반 정도 감소했고 난소 내 난포 성숙에 이상이 나타난다고

---

[4] 세포에 둘러싸인 구조를 취하며 난자를 포함한 복합체를 말한다. 난자는 난포 구조 상태에서 성숙하여 배란에 이른다.

보고되었다[(9)].

그 밖에도 남성 호르몬의 분비량이 부족하면 골밀도 저하와 인지 기능 저하, 그리고 심혈관 질환 위험도 증가 등의 현상이 일어나는 것으로 보아, 남성보다 분비량은 적지만 남성 호르몬은 여성에게도 중요한 역할을 한다는 사실을 알 수 있다.

반면 남성은 정소에서 분비한 남성 호르몬을 여성 호르몬으로 변환한다. 남성의 몸에서 여성 호르몬은 골량 유지와 남성 호르몬 과잉을 방지하는 역할을 담당하고 있다.

♂ 공주님도 털은 있다

다낭성 난소 증후군(PCOS)은 난소에서 남성 호르몬이 과도하게 만들어져서 배란이 어려워지는 질환이라고 알려져 있다. 배란이 되지 않으면 앞서 언급한 난자를 포함한 난포라는 주머니 모양의 구조가 난소 내에 남아 있어 초음파 검사를 해보면 많은 난포(낭)가 확인되기 때문에 이 같은 명칭이 붙여졌다. 여성의 20~30명 중 1명꼴로 나타나며 젊은 여성들의 배란 장애의 주된 원인이기도 하다.

다낭성 난소 증후군은 생리 불순, 체중 증가, 과도한 권태감, 여드름 등 피부 트러블, 체모가 짙어지거나 수염이 나는 등 사람마다 다양한 증상으로 나타난다.

짙은 체모나 수염은 남성 특유의 것이라고만 생각하기 쉽다. 하지만 남성 호르몬이 많아지면 여성도 수염이 난다. 「위대한 쇼맨」이라는 영화를 본 적이 있는가. 2017년 미국에서 제작된 뮤지컬 영화인 「위대한 쇼맨」에는 당당하게 수염을 기른 레티 러츠라는 여성이 등장한다.

배경이 되는 시대는 19세기 중반, 휴 잭맨이 연기한 가난하게 자란 P. T. 바넘이 다양한 개성을 지녔지만 차별에 고통받으며 음지에서 살아온 사람들을 모아 파격적인 쇼를 펼치는 서커스단을 만드는 내용이다. 그의 반평생을 그린 이야기지만 극 중 레티는 서커스 단원으로, 뛰어난 가창력과 퍼포먼스로 사람들을 매료시키는 중요한 역할이다. 극 중에서 그녀가 부른 'This Is Me(이게 나야)'라는 노래는 매우 감동적이다.

이 영화는 실화를 바탕으로 만들어졌는데, 실제로 바넘이 운영했던 서커스단에 수염을 기른 여성이 있었다고 한다.

여성에게 수염이 나는 현상은 영화 속 이야기가 아니다. 스트레스나 불규칙한 생활 습관, 갱년기 등 때문에 호르몬 균형이 깨지면 여성의 입 주변에도 굵은 수염이 나거나 그 양이 많아지기도 한다. 여성에게 수염이 나는 것은 사실 아주 친숙한 현상이다.

한때 SNS에서 여성의 체모를 지지하는 해시태그 '#LesPrincesses-OntDesPoils'가 화제였다. '공주님도 털은 있다'는 뜻의 프랑스어로, 여성들은 이 해시태그를 붙여 자신의 겨드랑이털이나 다리털, 수염

사진을 연달아 올렸다. '성별에 따라 다른 반응에 대해 다시 생각해보자', '선천적으로, 또는 호르몬 불균형으로 체모가 짙은 여성이 차별이나 편견에 고통받지 않도록 이해를 높이자' 등의 메시지를 담고 있다.

이 활동을 지지하여 유명해진 인물이 있다. 영국 슬라우에서 태어난 하르남 카우르는 12살에 다낭성 난소 증후군 진단을 받은 이후로 수염이 나기 시작했다. 덥수룩한 털 때문에 괴롭힘을 당했던 카우르는 자해하거나 자살 시도를 하는 지경까지 몰리게 되었지만, 지금은 수염 깎기를 그만두고 신체에 대한 편견에 맞서는 활동가로서 사회에 영향을 끼치고 있다.

앞서 언급한 것처럼 성호르몬에 대한 편견이나 오해가 많은 듯하다. 남성과 여성 모두 두 호르몬을 이용하고 있으며 균형이 흐트러지면 영향을 받는 것은 당연한 일이다. 누구에게나 일어날 수 있는 일이며, 결코 특별한 일이 아니다. 나의 몸에 대한 것이니 먼저 성호르몬에 대해 과학적으로 올바른 지식을 갖추고, 그런 다음에 편견이나 차별 없는 사회가 되기를 바란다.

받아들이는 것도 중요하다

남녀 모두에게 성호르몬이 매우 중요한 역할을 하고 있다는 사실을

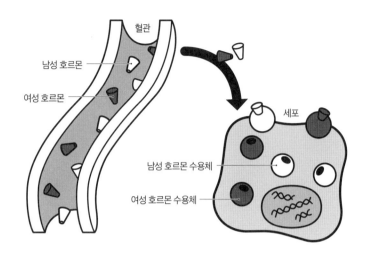

그림 1-4 성호르몬과 수용체

알게 되었을 것이다. 하지만 사실 성호르몬은 분비되는 것만으로는 아무런 효과도 발휘하지 못한다. 성호르몬이 작용하려면 호르몬 수용체라는 단백질 구조체에 결합되어야 한다(그림 1-4). 남성 호르몬은 '남성 호르몬 수용체'에, 여성 호르몬은 '여성 호르몬 수용체'에 각각 결합한다. 성호르몬은 구조적으로 비슷하다고 설명했지만 수용체에는 특이한 성질이 있어서 각각 정해진 호르몬만 수용한다.

분비된 성호르몬은 혈액을 타고 우리 몸 곳곳에 있는 세포까지 도달한다. 세포막에 있는 수용체가 전달된 성호르몬을 수용하여 그

신호를 세포 내부로 전달한다. 신호를 전달받은 세포는 성호르몬의 종류에 따라 세포의 유전자 발현 등과 같은 변화를 생성한다.

수용체는 신체의 여러 세포에 있지만 세포에 따라 존재하는 수용체의 종류나 수가 다르다. 예를 들어 같은 양의 남성 호르몬이 분비되더라도 남성 호르몬 수용체가 많은 세포가 남성 호르몬의 효과가 더 높게 나타난다.

남성 호르몬이 분비되고 있는데 그것을 수용하는 남성 호르몬 수용체가 기능하지 못하면 남성의 특징이 생성되기 어려운 상태가 되는데, 이를 '안드로겐 불감성 증후군(AIS)'이라고 한다. 안드로겐은 남성 호르몬의 영문명이다. 성염색체는 XY이기 때문에 SRY 유전자의 스위치 기능이 작용하여 정소가 만들어지고 그곳에서 남성 호르몬이 분비되는데, 수용체가 받아들이지 못해서 남성 호르몬의 효과가 나타나지 않는다. 그리고 아주 적은 양이 분비되는 여성 호르몬이 여성 호르몬 수용체에 결합되어 정소 외의 생식 기관은 여성형으로 발달한다.

안드로겐 불감성 증후군의 증상은 폭넓게 나타난다. 신체적인 특징은 사람마다 다양하게 나타나는데 외부 생식기가 완전하게 여성형인 경우도 있고 자신을 여성으로 인식하는 사람도 적지 않다.

⚭ XY를 공언한 인기 재즈 가수

수용체의 작용에 대한 이해를 돕기 위해 나는 대학 강의 등에서 미국의 재즈 가수인 에덴 앳우드를 소개한 적이 있었다. 앳우드는 재즈 가수뿐만 아니라 배우와 모델로도 활약한 적이 있는 다재다능한 사람이다. 음반 커버에 서 있는 모습이 매우 아름답고 매력적이며 재즈에 문외한인 나 역시 그녀의 허스키한 목소리에 매료되어 넋을 잃고 감상할 정도다. 그리고 그녀는 자신이 안드로겐 불감성 증후군이라는 사실을 공언했다.

에덴 앳우드는 미국 테네시주 출신으로, 어릴 적부터 재즈에 친숙했다. 그녀의 인터뷰 기사에 따르면 15세 때 자신이 일반적인 여성과 다른 신체적 특징을 가졌다는 것을 깨달았고 나중에 XY염색체를 가졌다는 것과 안드로겐 불감성 증후군이라는 것을 알게 되었다고 한다. 에덴은 자신을 여성으로 인식하고 있다고 공언했다. 안드로겐 불감성 증후군은 난소나 자궁이 없기 때문에 임신과 출산이 어려운 경우가 있으며, 에덴은 남성 파트너와 함께 아이를 입양하여 키우고 있다.

🧬 태아가 뒤집어쓰는 호르몬 샤워

앞에서도 말했다시피 SRY 유전자가 작용하여 정소가 만들어지기 시작하는 시기는 인간의 경우 임신 8주 차 무렵이라고 알려져 있다. 태아의 신체에 정소가 만들어지면 거기에서 남성 호르몬이 대량으로 분비된다. 이러한 남성 호르몬의 대량 분비는 임신 12주 차부터 뚜렷하게 나타나고 16주 차쯤에 정점을 찍으며 22주 차까지 계속된다. 태아기에 일어나는 일시적인 남성 호르몬 분비는 '호르몬 샤워(테스토스테론 샤워)'라고 불린다.

대량 분비된 남성 호르몬은 태아의 신체 구석구석까지 전달되어 나중에 남성형으로 발달하는 데에 필요한 여러 가지 세포, 조직, 기관을 구성한다고 알려져 있다. 그래서 태아기에 남성 호르몬 샤워는 남성에게 매우 중요한 이벤트다.

성인이 되어서도 남성 호르몬에 어느 정도 노출되었는지 알 수 있다고 한다. 그중 가장 유명한 것은 검지와 약지의 길이를 비교하는 '손가락 비율' 연구다.

검지와 약지의 길이 비교는 '검지 약지 비교' 또는 '두 번째 손가락·네 번째 손가락(2D:4D)'이라고 불리며, 이는 검지 길이를 약지 길이로 나눈 값을 말한다. 남녀의 손가락 비율에 차이가 있다는 사실은 무려 약 150년 전인 1875년에 보고된 바 있다[10]. 검지와 약지의 길이를 비교해보면 남성은 여성보다 검지가 더 짧다고, 즉 손가락 비율 값이 작다고 알려져 있다. 일본인 쌍둥이 300명을 대상으로 손가락 비율을 조사한 연구에서는 남성의 손가락 비율 평균값은 0.951(표준편차 0.035), 여성의 평균값은 0.968(표준편차 0.028)라고 보고되었다[11].

손가락 비율에 대한 연구는 세계적으로 활발하게 이루어지고 있으며, 남성끼리 비교한 경우에도 태아기에 남성 호르몬에 더 많이 노출된 남성일수록 약지보다 검지가 더 짧은 경향이 있다고 보고되고 있다[12].

♂ 남성은 손가락 길이가 능력에 영향을 미친다?

1990~2000년대 들어서는 손가락 비율이 우리의 다양한 특징과 관련이 있다는 보고가 잇따랐다. 신체 능력이나 행동, 판단력, 성격이나 기질, 어떤 질병을 앓을 확률이 높은지 등 성인이 된 후 남성의 다양한 특징에 영향을 미친다는 것이다.

영국 스완지대학의 존 매닝 교수는 손가락 비율 연구의 일인자로 알려져 있으며, 손가락 비율과 남성의 특징에 대한 다수의 연구 보고서와 책 등을 발표하고 있다. 1998년, 존 매닝 교수를 필두로 한 연구팀은 2세 아이에게 손가락 비율이 성별에 따라 차이가 나타난다고 발표했다[13].

제1장 .... 인간의 성은 어떻게 결정되는가

앞서 언급한 것처럼 태아기에 호르몬 샤워가 일어나 남성 호르몬을 대량 분비하는데, 이는 일시적인 현상이라 출생 전에는 남성 호르몬 분비량이 낮은 수준이다. 그리고 사춘기가 오기 전까지 남성 호르몬 분비량은 적은 수준 그대로 유지된다[*5]. 즉 이 연구에서 손가락 비율에서 보이는 성별 차이는 출생 후 남성 호르몬의 영향이 아니라 태아기 남성 호르몬 양의 영향이지 않을까 하는 고찰이 발전한 것인데, 이 보고 이후 손가락 비율에 관한 연구가 세계적으로 유행하게 되었다.

매닝 교수는 다양한 스포츠와 손가락 비율의 관계를 조사하는 연구를 진행했는데, 그중에서 영국 축구 선수의 손가락 비율을 조사한 매우 유명한 연구가 있다[(14)]. 일반 남성 30명과 축구 선수(선수 경험자 포함) 30명의 손가락 비율값을 비교한 결과, 일반 남성의 평균은 약 0.98이었지만 축구 선수는 약 0.95로 검지가 더 짧은 것으로 나타났다. 나아가 약 200명의 축구 선수를 대상으로 클래스를 구분하여 손가락 비율을 비교한 결과, 세계적으로 활약하고 있는 선수와 코치의 평균값은 약 0.94로 검지가 더 짧다는 사실을 밝혀냈다. 이는 유능한 선수일수록 태아기 때 남성 호르몬에 더 많이 노출되었다는 것을 시사한다.

*5 정확하게는 출생 직후인 신생아 시기에 다시 남성 호르몬 분비량이 올라가지만 태아일 때보다는 낮은 수준인 것으로 알려져 있다.

그렇다면 성인 남성의 남성 호르몬 분비량과 손가락 비율은 관계가 있는 것일까? 이에 대해서는 논문에 따라 다른 견해를 보인다. 검지가 더 짧은, 즉 태아기에 남성 호르몬에 많이 노출되었다고 예상되는 사람일수록 성인이 된 후에도 남성 호르몬 분비량이 많다는 보고[15]도 있지만 상관없다는 연구 보고도 있다. 최근에는 적어도 건강에 문제가 없는 일반 남성의 경우 성인이 된 후의 남성 호르몬 분비량과 손가락 비율은 관계가 없다고 여기는 경향이다[16].

그러나 남성 호르몬 수치의 급격한 증가는 손가락 비율이 관련되어 있다는 보고가 있다. 일반적으로 공격을 받는 등 경쟁 상태가 되면 남성 호르몬 수치가 급격하게 증가하는 것으로 알려져 있다. 태아기에 남성 호르몬에 많이 노출된 남성일수록 경쟁 상태가 되면 남성 호르몬 분비량을 효율적으로 증가시킬 수 있어서 근육의 퍼포먼스가 향상된다는 것이다[17]. 그래서 앞서 소개한 축구나 럭비처럼 격렬한 경쟁을 동반하는 많은 스포츠 종목의 선수에게는 남성 호르몬 분비량과 손가락 비율이 상관관계가 있다고 여겨진다. 그리고 빠른 판단력과 민첩한 반사 행동에도 영향을 미쳐, 막대한 이익을 내는 금융 딜러도 검지가 짧다는 연구도 있다[18].

🧬 코로나19에도 손가락 비율이 관련되어 있다?

심지어 2020년 초부터 세계적으로 대유행한 신종 코로나 바이러스 감염증(코로나19)과 손가락 비율의 관계에 대한 논문까지 나왔다[19]. 여성보다 남성이 코로나19 사망률이 높다는 보고가 있었고[20, 21], 중증급성호흡기증후군(SARS)과 중동호흡기증후군(MERS) 등 병원성 코로나 바이러스가 원인인 다른 감염병도 동일하게 남성 사망률이 높다는 보고[22]도 있다. 남성은 여성에 비해 면역 반응이 약한 경향이 있어 코로나 바이러스 등을 포함한 다양한 감염 요인에 민감하다고 여겨진다(다만 자가면역질환은 남성보다 여성의 발병률이 높다고 알려져 있다. 이에 대해서는 다음 제2장에서 이야기하겠다). 그래서 남성 호르몬이 우리 면역 체계에 어떤 영향을 미치는 것이 아닌지 생각하게 되었고 코로나19와 손가락 비율의 관계에 대해서도 조사를 진행했다. 이 역시 매닝 교수팀의 연구다.

25만 명 이상의 코로나19 환자를 조사했더니 손가락 비율이 큰, 즉 태아기에 남성 호르몬에 적게 노출된 남성일수록 코로나19 중증도와 사망률이 높다는 결과가 나왔다. 그러나 이에 대한 부정적인 의견이 나오는 등 당시에는 연구자들 사이에 의견이 갈렸다[23, 24].

역사가 있는 손가락 비율 연구지만 애초에 왜 태아기의 남성 호르몬 분비량이 손가락 길이에 영향을 끼치는지 구체적인 메커니즘은 아직까지 밝혀지지 않았다. 상당히 많은 논문이 있고 손가락 비율과 신체 능력, 빠른 판단력, 균형 잡힌 얼굴 생김새, 여성에게 인기가 있다는 것 등과의 관련성이 발견되었다. 한편 이런 것들과 상관이 없고 재현성이 없다는 사실을 나타내는 논문도 몇 개 있다[24-28].

연구 대상 그룹과 비교 대상 그룹 간의 유의미한 차이가 발견되면 연구 보고가 성립되기 때문에, 그 연구에서 발견된 경향이 사실이라 하더라도 그 내용을 우리의 실제 사회나 생활에 그대로 적용하는 것은 신중해야 한다.

그리고 손가락 비율에 영향을 끼치는 것은 태아기의 남성 호르몬 분비량뿐만 아니라 남성 호르몬과 여성 호르몬의 비율과 관련이 있다고 밝힌 연구도 있다[29]. 또 손바닥 쪽에서 측정한 손가락 길이보다 손등에서 측정한 길이가 관련성이 높다고 주장하는 연구도 있다. 손가락 연구는 무척 흥미롭지만 아직 검토해야 할 과제가 많은 분야인 듯하다.

이 장에서는 DNA, 유전자, 염색체의 관계부터 인간의 성 결정법, 호르몬의 작용에 대해서까지 이야기했다. 우리의 성은 기본적으로 여기서 설명한 메커니즘으로 만들어지지만 실제로는 이렇게 되지 않는 경우도 상당히 많다고 알려져 있다. 우선 기본적인 규칙을 이해한 다음, 이 책의 후반에서 다양한 성의 모습에 대하여 이야기하고자 한다.

제 2 장

사라질 운명의
Y염색체

현재진행형인

보이지 않는 공포

제1장에서 이야기했듯이 Y염색체는 성을 결정하는 유전자가 존재하기 때문에 우리에게 매우 중요한 염색체다. 그러나 Y염색체가 점점 유전자를 잃고 작아지고 있어 언젠가 그 존재조차 사라져 없어질 것이라고 한다. Y염색체가 사라지면 성 결정 유전자도 없어지고 결국 남성은 태어나지 않는 것일까?

　인간을 포함한 포유류는 암컷(여성)으로만은 자손을 남길 수 없기 때문에, Y염색체가 소실되면 인류는 멸망하는 것이 아닌가 하는 불온한 가설도 나오고 있다.

　이 장에서는 Y염색체가 왜 작아지고 있는지, 그리고 앞으로 어떻게 되는 것인지 Y염색체의 운명에 대해 이야기하고자 한다.

♂ 위대한 선조들의 가설

큰 X염색체와 작은 Y염색체. 이 두 염색체는 발견되었을 때부터 확연한 크기 차이가 있었다. 유전자 수도 X염색체에는 대략 900개의 유전자가 있는 반면 Y염색체에는 100개밖에 없다고 알려져 있어 서로 9배나 차이가 난다. 애초에 이 두 가지는 왜 크기나 유전자 수가 다를까?

Y염색체의 발견 이후 위대한 과학자들 역시 이와 같은 의문을 품었다.

Y염색체가 작아진 과정을 실험을 통해 직접적으로 증명하기는 무척 어려운 일이다. 왜냐하면 우리가 가진 Y염색체는 이미 작아진 상태라 현재에서 거슬러 올라가 이전 상태를 보기 어렵기 때문이다.

그래서 수리적인 이론에 따라 모델을 구축한 '이론 생물학' 연구에 의해 Y염색체의 변화 과정이 밝혀지고 있다. 여기서 얻은 결과는 어디까지나 이론에서 추정한 것이라 처음에는 '예측'에 불과했다. 그러나 많은 연구자들이 그 예측을 몇 번이나 검증하여 현재는 Y염색체가 작아진 과정이 거의 정립된 사실로 받아들여지고 있다. 또한 정립된 이론에 따르면 Y염색체는 원래 X염색체와 같은 염색체였다는 사실이 밝혀져서 X염색체를 조사한 다음 Y염색체와 비교하여 알게 된 정보도 있다.

Y염색체는 어쩌다 작아진 것일까?

이 이론의 큰 틀을 만든 것은 미국의 유전학자 허먼 조지프 멀러라고 알려져 있다. 멀러는 1890년에 태어났다. 그때는 아직 Y염색체가 발견되지 않았고 애초에 염색체나 유전자라는 개념 자체가 애매모호한 시대였다. 멀러는 콜롬비아대학에서 학위를 취득하고 제1장에서도 소개한 노랑초파리를 이용하여 유전학을 전개한 토마스 헌트 모건 연구실에 들어간다.

다른 이야기지만 멀러의 스승인 모건 박사는 현재 우리가 당연하게 받아들이는 '염색체 안에 유전자(DNA)가 포함되어 있다'는 사실을 세계 최초로 입증한 연구자다. 모건은 이 공로로 1933년에 노벨 생리학상·의학상을 수상했다.

모건은 뛰어난 연구자이기도 했지만 지도자로서도 매우 우수했다. 그의 제자 중에, 그리고 제자의 제자 중에 무려 8명이나 노벨상을 수상했기 때문이다. 멀러도 그중 한 명으로, 그는 노랑초파리에 X선을 쬐면 돌연변이를 만들 수 있다는 것을 발견했다. 지금의 지식이라면 X선을 쬐면 DNA 배열이 흐트러져 유전자 배열에 변이가 발생하고, 그 영향으로 초파리의 표현형이 비정상적으로 바뀐다고 설명할 수 있을 것이다. 그러나 당시에는 유전자가 후대에 전달되는 물질이라는 사실조차 알지 못했다. 즉 멀러는 이 실험을 통해 유전자가 물질로 이루어져 있다는 사실을 입증한 것이다. 그리고 이 공로로 1946년에 그의 스승과 마찬가지로 노벨 생리학상·의학상을 수상했다.

멀러는 돌연변이가 생겨났다는 것을 증명하기 위해 노랑초파리의 암수가 다른 성염색체를 가진다는 사실(제1장에서 언급했듯이 노랑초파리도 암컷은 XX, 수컷은 XY 성염색체를 가진다)을 이용했다. 이것이 계기가 되었는지는 알 수 없지만 멀러는 성염색체에 흥미를 느껴 Y염색체가 작아지는 과정에 대한 이론도 제창했다[1].

♂ X와 Y는 같은 염색체였다

멀러는 X와 Y는 원래 똑같은 한 쌍의 염색체였는데 서로 다른 '비상동적 영역'이 생겨나서 둘은 점점 달라졌고, 비상동적 영역에는 세포에게 유해한 배열이 쉽게 축적된다고 생각했다. 유해한 배열이란 반복되는 배열이나 전이 요인이라고 불리는데, 유전자 배열에 이러한 배열이 삽입되면 그 유전자는 정상적으로 기능하지 못하여 세포가 죽는 경우도 있다.

  왜 멀러가 이렇게 생각하게 되었는지를 살펴보기 전에, 왜 비상동적 영역에 해로운 배열이 쉽게 축적되는지 설명하겠다. 정자와 난자 등 다음 세대의 개체가 되기 위한 세포는 염색체 수를 절반으로 줄이기 위해 감수분열이라는 분열을 진행한다. 사람의 염색체 수는 기본적으로 46개라고 했는데, 46개인 채로 정자와 난자가 수정하면 염색체는 92개가 되어 수정란은 죽게 된다. 그래서 염색체 수를 딱

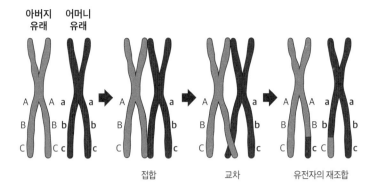

아버지
유래
어머니
유래

A A a a   A A a   A A a   A A a a

B B b b   B b   B b   B B b b

C C c c   C c   C c   c C c c

접합   교차   유전자의 재조합

그림 2-1 염색체 접합·교차·재조합

정자나 난자 등 배우자를 만들기 위해 일어나는 감수분열에는 염색체 상동 교차가 일어난다. 교차에 따라 유전자 조합이 바뀌고 다음 세대로 전달되는 것을 재조합이라고 한다. 위 그림에서는 유전자 C와 c가 재조합되었다.

절반으로 줄이는 분열을 하는 것이다.

감수분열을 할 때 염색체는 서로가 상동인지 확인하기 위해 빈틈없이 달라붙는다. 이러한 현상을 유전학 용어로 '접합'이라고 부른다(그림 2-1). 접합하여 상동이라는 것을 확인한 염색체는 서로의 영역을 교차시켜 교환하는 작업을 하는데, 이것은 유전학적으로 '교차'라고 한다.

만약 돌연변이로 인해 염색체에 유해한 배열이 삽입되면 접합할 때 상동이 아니라고 판단하여 교차를 멈춘다. 교차가 일어나지 않으면 감수분열이 완료되지 않으니 그 세포는 정자나 난자가 되지 못한다. 즉 접합과 교차를 통해 유해한 배열을 가진 염색체를 자손에게 물려주지 않는다는 확인 구조가 작동하는 것이다.

그러나 원래 비상동적 영역은 접합도 교차도 일어나지 않기 때문에 확인 구조가 작동하지 않아서 유해한 배열이 점점 쌓이게 된다. 멀러는 이 점을 알아챈 것이다. 또한 이렇게 유해한 배열이 제거되는 '결실'이라는 현상이 반복해서 일어나 Y염색체가 작아졌을 것이라고 생각했다. 결실은 염색체 일부가 잘려 사라지는 것을 말한다. 보통 결실이 일어나는 영역 안에 유전자 배열이 포함되어 있으면 그 유전자가 없어지기 때문에, 결실은 세포에게 있어서 바람직하지 않은 현상이다. 그러나 Y염색체는 비록 유전자가 소실되더라도 유해한 배열이 제거된다는 장점이 있어서 결실이 반복적으로 일어난다고 보고 있다.

🜨 통계학자의 날카로운 지적

완벽하다고 생각했던 멀러의 이론이었지만 로널드 피셔는 아직 완벽하지 않다고 날카롭게 지적했다. 영국의 통계학자인 피셔는 유전학과 진화생물학에도 무척 흥미를 느껴 이론을 바탕으로 한 연구를 실행했다.

사실 피셔도 성염색체 진화 이론 연구로 이름을 알린 것은 아니었다. 피셔는 실험계획법*1, 분산 분석*2 등과 같은 혁신적인 통계학 이론을 제창한 세계적으로 유명한 학자였다. 나는 통계학을 전공하지는 않았지만, 실험으로 얻은 데이터의 신뢰성을 판단하기 위해 통계학 이론을 이용하는 경우가 있는데 그런 이론의 기초를 만든 사람이 바로 피셔다. 게다가 그는 성비 문제에 대한 진화적 설명을 한 것으로도 유명하다. 그는 1930년에 발표한 저서 『The Genetical Theory of Natural Selection(자연선택에 대한 유전학 이론)』에서 "많은 생물의 성비는 대체로 1:1이다"라고 설명했는데, 이를 '피셔의 원리'라고 부른다. 피셔의 원리는 진화생물학에서 중요한 아이디어 중 하나로 널리 알려져 있다.

피셔가 'Y염색체는 왜 작아졌는가'에 대한 진화적 이론을 고민했다고 알려지지는 않았지만 그는 1935년 멀러의 가설에 문제점을 지적했다.

피셔는 원래 X와 Y가 처음에는 차이가 없는 똑같은 염색체였다면 두 염색체가 달라지는 계기가 되는 '비상동적 영역'이 생길 리가 없다고 주장했다. 일단 비상동적 영역이 생기면 멀러의 이론으로 설명할 수 있지만, 비상동적 영역이 생기는 구조에 대한 설명이 충분하

---

*1 효율적인 실험 방법을 설계하고 결과를 제대로 해석하는 것이 목적인 통계학의 응용 분야 중 하나이다.
*2 연구에서 얻은 복수의 데이터군 평균값이 통계학적으로 유의미한 차이가 있는지, 아니면 오차인지를 판단하는 통계 기법 중 하나이다.

지 않다는 것이다.

그 외에도 Y염색체는 성을 결정하는 중요한 역할을 하기 때문에 성 결정 구조에 맞는 이론이 필요하다는 문제점도 제기되었다. 그래서 과학자들이 다양한 검증을 반복했고 최종적인 이론을 정립한 사람은 브라이언 찰스워스다.

찰스워스 박사는 1945년에 태어난 영국의 진화생물학자다. 염색체 진화 연구를 진행하는 연구자에게 찰스워스 박사는 절대적인 존재다. 2007년 네덜란드 암스테르담에서 개최된 국제학회에서 있었던 그의 심포지엄 강연은 회의장에 다 들어가지 못할 정도로 많은 사람이 몰렸고, 나 역시 그를 잠깐이라도 보려고 모인 수많은 청중 중 한 명이었다. 운 좋게도 친목회 파티장에서 박사님을 뵈었고, 부끄럽지만 같이 사진을 찍었던 기억이 있다.

♂ 어떻게 Y염색체는 작아졌을까?

그럼 여기서 위대한 선구자들의 손을 거쳐 정리된 Y염색체 진화론에 대해 다시 한번 정리해보자.

원래 X염색체와 Y염색체는 똑같은 한 쌍의 염색체였다. 두 염색체는 차이가 없었는데, 다만 우연히 염색체상에 한쪽 성에게 좋은 두 개의 유전자가 서로 가까운 위치에 존재하고 있었다고 여겨진다. 포유류는 3억 년의 역사가 있는 것으로 알려져 있는데, 그 정도로 먼 옛날의 일이니 이 두 개가 어떤 유전자였는지 확인할 수가 없다. 그래서 여기서는 편의상 쉽게 알 수 있는 유전자를 예로 들어 설명하겠다.

그림 2-2를 보자. 예를 들어 먼 옛날 X염색체와 Y염색체에 우연히 정소를 만드는 유전자 A와 정소의 운동 기능과 관련된 유전자 B가 존재했다고 가정해보자. 그때는 X와 Y가 다르지 않았기 때문에 상염색체와 같다고 생각했을 것이다. 그러나 어느 때인가 현재의 Y염색체에 해당하는 염색체상의 유전자 A에 변이가 일어나 그 기능이 강화된 유전자 A′가 되었다. 즉 변이형인 유전자 A′가 있으면 반드시 정소가 생긴다. 바꿔 말하면 유전자 A는 성 결정 유전자 A′로 진화한 셈이다. 게다가 또 우연치 않게 근접한 유전자 B에도 변이가 일어나 변이형인 유전자 B′를 가지면 정자의 운동 능력이 더욱 향상된다. 변이형 유전자 A′와 B′가 둘 다 있으면 그 개체는 반드시 수컷이 되고 정자의 운동 능력도 더 뛰어나기 때문에 자손을 남기기도 쉬워진다.

그러나 이 유전자들 사이에 앞서 설명한 염색체 접합과 교차가 일어나면 변이형 유전자 A′와 B′의 조합은 해체된다. 이것을 유전자의 '재조합'이라고 하는데, 재조합되면 A′와 B 또는 A와 B′와 같은 조합을 가진 개체가 생긴다. A′와 B를 가진 개체는 수컷이 되지만 정자의 운동 능력은 그다지 높지 않다. A와 B′를 가진 개체는 수컷이 되지

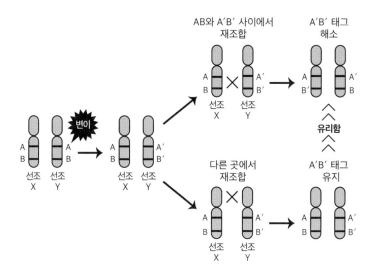

그림 2-2 Y염색체의 탄생과 재조합의 관계
변이가 일어나 기능이 강화된 A′와 B′ 태그(조합)를 가진 수컷이 유리하기 때문에 AB와 A′B′ 사이
가 아닌 곳에서 재조합이 일어난 염색체를 물려받은 수컷이 우선적으로 남게 된다.

않을 수도 있다. 즉 이론상으로는 재조합 유무로 네 가지 조합의 개
체가 태어나지만, 유전자 재조합이 일어나지 않은 A′와 B′를 가진 개
체가 수컷으로서 유리한 능력을 갖춰 자손을 많이 남기게 된다.

  앞서 설명한 것처럼 염색체의 접합과 교차는 유해한 배열을 가진
염색체를 자손에게 물려주지 않기 위해 체크하는 기능을 한다. 자
손을 남기는 우선순위에 있는 수컷은 A′와 B′ 주변 염색체 영역에서
접합과 교차가 일어나지 않기 때문에 체크하는 구조가 작동하지 않

아서 유해한 배열이 쌓이게 된다. 그러면 역시나 또 우연히, 유해한 배열이 포함된 염색체 영역이 누락되는 '결실'이라는 현상이 일어나 결실이 생긴 염색체, 즉 조금 짧아진 염색체가 우선 남게 된다. 그때 유전자도 같이 사라지지만 수컷에게 유리한 유전자 조합을 남기고 유해한 배열이 제거되는 장점이 있는데 다른 유전자는 희생된다. 이 렇게 '유해한 배열 축적→결실→염색체가 짧아짐' 이 과정이 끊임 없이 반복되어 현재 Y염색체는 매우 작아졌다고 보고 있다.

그리고 '역위'라는 염색체의 구조 변화가 Y염색체의 진화를 가속화시켰다고 여겨진다[1]. 역위는 염색체 일부가 잘려 절단된 단면이 뒤집혔다가 다시 연결되는 현상으로, 염색체에 일어나는 구조 이상 중 하나다. 결실처럼 유전자가 없어지는 것이 아니라서 비교적 쉽게 계승되는 변이인데 유전자의 순서가 거꾸로 뒤바뀐다. 예를 들어 원래 염색체는 a→b→c→d→e와 같은 순서로 유전자가 배열되어 있었는데 a와 b 유전자 사이, d와 e 유전자 사이가 잘려 뒤집혔다가 연결되면 a→d→c→b→e의 순서로 배열된다. 그렇게 되면 상대 염색체와 상동이 되지 않고 역위가 일어난 영역에서는 접합과 교차가 일어나지 않아 단시간에 광범위하게 유해한 배열이 축적된다. 우리 포유류의 조상에서는 성염색체에 여러 번 대규모 역위가 일어났던 것으로 보인다.

Y염색체가 작아지는 구조가 꽤 어렵게 느껴지는 분들도 많을 것이다. 지금까지 설명에 나왔던 용어는 유전학과 진화학의 전문 용어

이기도 하고 전공으로 배우려는 대학생이나 대학원생에게 가르쳐도 이해하기 어려울 정도로 쉽지 않은 내용이다. 그래서 자세한 구조는 차치하고 Y염색체가 사라질 운명이 된 것은 우연이었다는 것, 한번 소실이 시작되면 언덕길에서 굴러떨어지는 것처럼 진행된다는 것, 그리고 현재도 그 흐름이 멈추지 않고 Y염색체의 소실은 현재진행형이라는 것을 이해한다면 좋겠다.

♂ '퇴화'인가 '진화'인가

조금 다른 이야기를 해보자. Y염색체는 유전자를 잃고 작아지고 있으니 Y염색체는 '퇴화'하고 있다고 표현하는 것이 이해하기 쉬울 수도 있다. 하지만 엄밀히 말하면 '퇴화'도 '진화'의 한 유형이니, 나는 Y염색체가 작아지는 것을 'Y염색체의 진화'라고 표현한다.

많은 생물들이 원래 갖고 있던 기관이나 기능을 잃어버리기도 한다. 다리가 없는 뱀, 날지 못하는 펭귄, 눈이 없는 곰장어 등이 바로 그러한 예다.

현존하는 3,000종류 이상의 뱀은 다리가 없거나 매우 축소된 형태의 다리만 있지만 뱀의 조상은 다리가 있었던 것으로 알려져 있다. 원래 있던 다리가 없어진 것이니 일반적으로는 '뱀의 다리는 퇴화되었다'고 표현한다. 뱀의 조상이 어떤 환경에서 서식했는지에 대해서는 여러 가지 설이 있지만, 뱀의 기원을 찾는 연구에서는 뱀의 조상은 땅속 생활을 해서 몸을 구부려 땅속을 쉽게 다닐 수 있도록 다리가 없어졌다고 추측하고 있다[3]. 즉 서식 환경에 적응하기 위해 다리를 없애는 방향으로 '진화'했다는 것이다.

Y염색체도 유전자를 잃고 작아지는 쪽으로 '진화'해왔다. 많은 유전자가 사라져 존속이 위태로우니 부정적인 이미지를 떠올리기 쉬운 '퇴화'가 적절한 표현이지만, 어쩌면 포유류가 진화한 과정에서는 유전자를 없애면서도 Y염색체를 계속 유지하는 것이 적응에 유리한 것이라고 볼 수 있다. 다만 어떻게 적응한 것인지, 즉 어떤 장점이나 이득 때문에 Y염색체가 작아진 것인지 구체적인 이유는 밝혀지지 않았다.

♂ Y염색체는 언젠가 사라진다

왜 Y염색체가 작아졌는지, 그간의 과정에 대해서는 위대한 선구자들이 연구를 거듭하여 골자는 알게 되었다. 그러나 이제 앞으로 어떻게 될 것인지에 대해 명확하게 논의한 연구자는 없었다. 그러던 중 당시 호주국립대학 교수였던 제니퍼 그레이브스 박사가 세계 최초로 Y염색체의 운명에 대해 명확하게 언급했다. 내가 아는 한, 제니퍼 그레이브스 박사는 세계 최초로 'Y염색체는 언젠가 사라질 것이다'

라고 주장한 연구자다.

그레이브스 박사는 포유류의 성염색체와 게놈의 진화에 대하여 세계적으로 주목받는 논문을 여럿 발표했다. 특히 호주에만 서식하는 포유류인 캥거루와 코알라 같은 유대류, 그리고 포유류지만 알을 낳는 원시적인 특징을 지닌 오리너구리 등 단공류 연구에서 큰 공적을 남기고 있다. 나는 대학원생 시절에 그레이브스 박사의 논문을 읽고 '성염색체 진화 연구가 이렇게 재밌는 것이구나!' 하고 충격을 받았다. Y염색체가 작아진 과정을 살펴보면 당연히 앞으로도 계속 유전자를 잃게 될 텐데 누구도 그런 생각을 하지 않았다. Y염색체는 남성을 결정하는 중요한 존재이니 당연히 계속 존재할 것이라고 여겨 과학자들은 의문조차 품지 않았을지도 모른다. '언젠가 사라진다'고 거침없이 말한 그레이브스 박사의 발상에 많은 과학자들의 눈이 번쩍 떠졌다.

당시 대학원생이었던 나는 박사의 풍부하고 대담한 발상에 존경심과 동경을 품었다. 지금 내가 성염색체 연구를 하는 것은 틀림없이 그레이브스 박사의 영향일 것이다.

♂ 박사의 예언

그레이브스 박사는 2006년에 세계 최고의 과학 잡지로 알려진 「셀(Cell)」에 Y염색체 소실에 관한 총설 논문을 발표했다. 「Sex Chromosome Specialization and Degeneration in Mammals(포유류의 성염색체 특수화와 퇴화)」[4]라는 제목의 총설에서 우리의 Y염색체가 지금까지 지나온 길과 앞으로 Y염색체가 겪게 될 운명에 대해 이야기했다.

앞으로 Y염색체가 어떻게 될 것인지를 추정하는 것은 사실 Y염색체가 어떻게 작아졌는지 추정하는 것보다 더 어렵다고 생각한다. 진화학은 어떤 생물(이 경우에는 염색체)이 과거에 어떻게 진화했는지 조사하고 탐구하는 학문으로, 기본적으로 과거를 돌아보는 연구다. 생물이 남긴 진화의 흔적, 예를 들어 화석이나 유전자, 염색체 등을 조사하면 어느 정도 과거를 알 수 있다. Y염색체가 작아진 과정도 이론에 따라 추정하는 부분이 크지만 앞서 말한 것처럼 원래 짝이었던 X염색체와 비교하여 진화의 흔적을 살펴볼 수 있었다. 그러나 앞으로 어떻게 될지는 전적으로 예측일 수밖에 없다.

그레이브스 박사는 신중하게 시뮬레이션을 반복했다. 포유류가 등장한 것으로 생각되는 3억 1,000만 년 전부터 지금까지 어느 정도의 속도로 유전자가 소실되었는지 몇 가지 모델로 예측했다. 박사가 예측한 것 중에서 대표적인 네 가지 모델을 소개한다.

[1] 유전자 1개당 소실 연수

가장 단순한 모델에서는 3억 1,000만 년이라는 시간을 현재 남아 있는 유전자 수로 나누면 유전자 1개당 소실 연수를 계산할 수 있다. 그리고 남아 있는 모든 유전자가 몇 년 후에 소실될지를 예측할 수 있다.

그러나 이 계산 방법은 적절하지 않다. 현재 Y염색체에 남아 있는 유전자는 포유류에 중요한 것이라 기나긴 진화의 시간 동안 선택되어 남겨진 유전자라고 생각한다. 그렇다면 그 유전자의 기능 등에 따라 유전자마다 소실 속도가 다르기 때문에 단순한 비례식 계산을 적용할 수 없다. 즉 유전자는 일정한 속도로 소실되는 것이 아니다.

그레이브스 박사도 논문에서 이 모델은 실제에 적합하지 않다고 언급했다.

[2] 소실 속도가 갑자기 빨라졌다가 느려짐

다음으로 포유류가 등장한 이후 비교적 이른 시기에 Y염색체의 유전자 수가 급격하게 줄었다가 현재는 소실 속도가 느려졌다는 모델이 있다. 이것은 Y염색체의 유전자가 500개로, 그다음에 200개로 감소했을 때의 속도가 빨랐다는 연구 보고를 근거로 삼고 있다[5].

[3] 소실 속도가 더뎠다가 빨라지고 다시 느려짐

초기 소실 속도는 더뎠지만 중반에 빨라지고 후반에 다시 느려졌다는 모델도 있다.

[4] 과거에 두 번 유전자가 증가함

그보다 더욱 복잡한 모델도 있다. 나중에 설명하겠지만 우리의 Y염색체는 계속 유전자가 소실된 것이 아니라 과거에 적어도 두 번 유전자 수가 증가했었다는 보고가 있다.

✇ 소실되기 전까지 시간 벌기

여기서 포유류의 진화와 분류에 대해 조금 설명하겠다. 포유류는 세 가지 그룹으로 나눌 수 있다(그림 2-3). 진화적으로 오래되었고 가장 원시적인 특징이 남아 있다고 알려진 그룹을 단공류라고 하는데, 부리가 있고 알을 낳으며 젖을 먹여 새끼를 기른다. 현존하는 단공류는 오리너구리과와 가시두더지과 두 종류뿐이고 호주, 태즈메이니아, 뉴기니에서만 서식한다.

여담이지만 영국에서 열린 국제학회에 참석했을 때 런던에 있는 대영박물관을 방문하여 전시되어 있는 오리너구리의 박제를 본 적이 있다. 1798년에 당시 영국의 식민지였던 호주에서 대영박물관으로 오리너구리의 표본을 보냈는데, 포유류, 파충류, 조류의 특징을 다 가지고 있어서 당시 학자들은 진짜라고 믿지 않고 몇 가지 동물의 일부를 합쳐 만든 표본이라고 생각했다고 한다.

또 다른 그룹은 배에 있는 주머니(육아낭)에서 새끼를 키우는 유대류다. 캥거루, 코알라 등이 널리 알려져 있다. 유대류는 알이 아닌 새끼를 낳는데 매우 미성숙한 상태로 태어난다. 예를 들어 붉은 캥거루 암컷은 몸길이 100cm, 몸무게 30kg 정도인데 새끼는 겨우 2cm 정도 크기로 태어난다. 이 어린 새끼는 육아낭 안에서 젖을 먹으며 자란다.

마지막 그룹은 유태반류라고 불리는데 인간을 포함한 대부분의

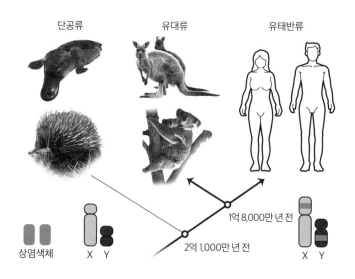

그림 2-3 포유류의 세 가지 그룹과, 상염색체와 Y염색체의 융합
유태반류는 유대류에서 갈라진 이후 한 쌍의 상염색체가 X염색체와 Y염색체에 융합했다.
사진: ©마이니치신문사

포유류 종류가 여기에 속한다. 유태반류는 태반이라는 기관이 발달하여 어미의 자궁 속에서 태반을 통해 태아에게 영양을 공급하는 '태생'이라는 구조가 확립되어 있는 것이 가장 큰 특징이다.

다시 본론으로 돌아가, 유태반류의 Y염색체상 일부 영역은 유대류나 단공류에서 상염색체로 존재한다고 알려져 있다(그림 2-3). 이것은 앞서 소개한 그레이브스 박사의 연구 그룹에서 보고한 것인데, 이는 유태반류로 갈라진 1억 8,000만 년 전 이후에 원래 상염색체로 존재했던 영역과 거기에 포함된 유전자가 Y염색체로 이동했다는 것을 의미한다. 염색체의 일부가 다른 염색체로 이동하는 것을 유전학 용어로 '전좌'라고 하는데, 우리의 Y염색체는 과거에 상염색체가 전좌하여 유전자가 추가되었다는 사실이 밝혀진 것이다.

즉 Y염색체는 유전자를 없애기만 하는 것이 아니라 가끔 다른 염색체에서 유전자를 받아 보충하여 소실되기까지 시간을 벌 수 있는 것이다. 이러한 현상을 추가한 모델로 검증해도 Y염색체는 수백만 년 후에는 사라진다고 예측된다.

♂ 당신의 몸에서도 사라지기 시작한 'Y'

'뭐야, Y염색체가 사라진다고 해도 아직 먼 얘기잖아' 하고 맥이 빠진 사람이 있을지도 모르겠다. 진화의 연대는 매우 큰 스케일이라

현실감이 없을 수도 있다. 그러나 이 연수는 '늦어도'라는 전제하에 계산된 것이라 여러 가지 조건이 갖추어지면 Y염색체는 더 빠르게 사라질 수도 있다고 예상하고 있다.

또한 최신 연구에서 인간의 진화라는 큰 스케일이 아니라 실제로 남성의 신체 안 세포에서 이미 Y염색체가 소실되기 시작했다고 밝혀졌다.

일반적인 남성의 세포 속에는 X염색체 1개와 Y염색체 1개를 포함하여 총 46개의 염색체가 존재한다. 그러나 세포에서 Y염색체가 소실되어 성염색체가 X염색체 1개뿐인 45개가 되는 현상이 일어나는데, 이를 'Y염색체 모자이크 손실'이라고 한다(그림 2-4 왼쪽). 일본에서는 국립 성장의료연구센터의 후카미 마키 박사 연구진이 이 현상에 대하여 정력적으로 임상 연구를 진행하고 있다[6].

'Y염색체 모자이크 손실'은 원래 남성의 노화 현상 중 하나로 여겨졌다. 젊을 때 세포는 Y염색체를 보유하고 있지만 나이가 들면서 Y염색체가 누락되어 70세 이상의 일반 남성 중 10% 이상은 Y염색체가 소실된 세포를 가지고 있는 것으로 알려져 있다. 혈액 속 세포를 조사한 연구 보고에서, 70대 남성 중 대략 30%의 혈액 세포에서 Y염색체가 소실되었으며 80대 남성은 약 50%, 80~90대는 약 90%나 되는 등 대부분의 세포에서 Y염색체가 소실되었다는 사실이 밝혀졌다[7].

이 현상이 발견되었을 당시에는 고령인 남성에 한정된 현상이라고

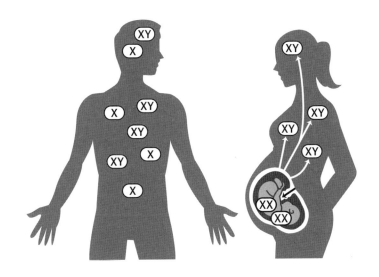

그림 2-4 Y염색체 모자이크 손실과 마이크로키메리즘

(왼쪽) 남성의 세포에서 Y염색체가 없어지는 Y염색체 모자이크 손실

(오른쪽) 태아와 모체 사이에서 세포 이동이 일어나는 마이크로키메리즘. 태아가 XY인 경우 어머니에게 XY 세포가, 태아에게 XX 세포가 이동한다.

보았다[7-9]. 그러나 연구가 진행되면서 그렇지 않다는 사실을 알게 되었다. 후카미 마키의 연구진은 Y염색체 모자이크 손실이 태아기나 소아기, 청년기 등 다양한 연령대에서 발생한다고 보고했다[10, 11]. 또한 흡연을 하면 Y염색체의 손실 빈도가 증가한다고도 알려져 있어[12] 어떠한 환경 요인이 직접적으로 세포에 영향을 미쳐 Y염색체가 소실되는 것이 아닐까 생각된다.

♂ 'Y' 소실은 병에 걸릴 위험성을 높인다

이렇게 Y염색체가 없는 세포가 증가하면 과연 남성에게 어떤 영향을 미칠까?

세포에서 Y염색체가 사라지면 수명이 짧아지고 알츠하이머병이나 자가면역질환, 암 등에 걸릴 위험이 증가한다는 연구 보고가 있다[7-9, 13, 14]. 왜 Y염색체가 사라지면 이러한 질환이 발생하는지 구체적인 인과관계가 밝혀지지는 않았다. 다만 Y염색체상의 유전자가 사라지면서 면역 기능에 이상이 생겨 질병에 걸릴 가능성이 있다고 보고 있다[15].

Y염색체 소실은 심장병에 걸릴 위험을 높인다는 사실을 실험동물을 사용하여 밝힌 연구도 있다[16]. 오사카공립대학(현 국립순환기질환연구센터)의 사노 소이치 박사는 스웨덴의 웁살라대학, 미국의 버지니아대학과 함께 국제 공동 연구를 진행했다. 이 연구에서, 인공적으로 표적 유전자를 손상시킬 수 있는 유전자 변형 기술과 골수 이식 수술을 통해 Y염색체가 제거된 조혈모세포를 가진 Y염색체 소실 생쥐를 만드는 데에 성공했다. Y염색체가 소실된 생쥐는 야생 생쥐에 비해 수명이 짧고 심장, 폐, 신장 등의 장기에서 섬유화가 쉽게 발생할 뿐 아니라 심부전이 생기면 예후가 나쁘게 나타나는 것으로 밝혀졌다.

그래서 Y염색체가 제거된 세포를 조금 더 자세히 조사해보니, Y

염색체가 없으면 대식세포[*3]라 불리는 백혈구가 섬유화를 유발하는 물질을 많이 생산하여 섬유화 촉진과 심부전 악화의 원인이 되는 것으로 나타났다.

연구팀은 사람을 대상으로 한 조사에서도 Y염색체 소실로 인한 남성 심부전 사망 위험이 1.8배나 증가한다는 사실을 다시 한번 확인했다.

♂ 엄마는 아들에게서 'Y'를 받는다

설령 Y염색체를 갖고 태어나더라도 평생 유지되는 것이 아니라는 사실을 알고 있었는가? Y염색체는 쉽게 없어지는 불안정한 존재라는 사실뿐 아니라 세포 안의 성은 시간이 지나면 변화한다는 사실도 기억하길 바란다. 여성은 XX, 남성은 XY로 태어나 평생 변하지 않는다고 생각하는 사람이 많을 텐데 꼭 그렇지는 않다.

여성도 XY 세포를 갖게 된다고 알려져 있다. 임신 중인 엄마와 태아 사이에 태반을 통해 소수의 세포 이동이 있다고 한다. 이러한 현상을 '태아 마이크로키메리즘'이라고 하는데, 엄마 몸속에 태아 세

---

*3 이물질이나 세포 찌꺼기 등을 포식하여 소화하는 역할을 담당하는 면역 체계의 주요 세포-옮긴이

포가 침입하는 경우와 태아의 신체에 엄마의 세포가 침입하는 경우, 두 가지 모두 알려져 있다(그림 2-4 오른쪽). 이렇게 침입한 세포는 출산 후 소멸되기도 하지만 장기간에 걸쳐 정착하기도 한다고 알려져 있다. 태아 마이크로키메리즘은 태아가 여자아이든 남자아이든 성별과 관계없이 일어나는 현상이지만, 태아가 XY인 남자아이의 경우 XX인 엄마에게 태아의 XY 세포가 침입하고 태아에게도 엄마의 XX 세포가 침입한다. 즉 엄마도 태아도 적은 수지만 XX 세포와 XY 세포가 섞이는 상태(키메라)가 되는 것이다.

그리고 남자아이인 태아가 지닌 염색체 중 Y를 포함한 절반은 원래 태아의 아빠, 즉 엄마의 파트너에게 물려받은 것이니 여성의 신체에 파트너인 남성의 염색체가 섞이게 된다.

임신 또는 출산을 한 경험이 있는 여성의 혈액을 조사한 연구가 있다[17]. 남자아이를 출산한 경험이 있는 여성의 혈액을 조사한 결과 무려 19명 중 13명에게서 남성의 DNA가 검출되었고 태아 세포가 높은 빈도로 엄마 몸속에 침입한 것으로 밝혀졌다. 태아 세포는 엄마의 혈액 속에 존재하는 것으로 알려져 있고 27년 전에 남자아이를 출산한 엄마에게도 태아에게 받은 세포가 발견되었다. 즉 아들의 세포가 27년 동안 계속 엄마의 혈액 속에 존재했던 것이다. 게다가 혈액뿐만 아니라 뇌와 심장, 피부, 간, 비장 등 여러 조직과 기관에서 태아에게서 온 세포가 발견되었다[18].

🔗 마이크로키메리즘이 여성에게 미치는 영향

그렇다면 마이크로키메리즘은 여성에게 어떤 영향을 미칠까?

성별에 따라 질병의 원인이나 어떤 병에 잘 걸리는지(이환율이나 발병률 등)에 차이가 나기도 한다. 자가면역질환은 남성보다 여성의 이환율이 높다. 미국에서는 자가면역질환에 걸린 환자 850만 명 중 80%가 여성이라고 보고되고 있다. 일본에서도 면역질환을 앓는 여성의 비율이 남성보다 2~10배 정도 높아, 자가면역질환은 성별에 따른 차이가 분명한 대표적인 질병이다[19].

세균이니 바이러스 등 자기와 다른 것이 체내에 침입하면 이를 제거하기 위해 우리 몸이 갖추고 있는 구조가 면역 체계다. 자가면역질환은 면역 체계가 본래의 기능을 잃고 자신의 세포나 조직에도 과잉 반응하여 공격해서 이상 반응을 일으키는 질환을 통틀어 일컫는다. 자가면역질환에는 전신에 영향을 미치는 류머티즘 관절염이나 전신 홍반 루푸스 같은 교원병[*4], 특정 장기에만 영향을 미치는 그레이브스병[*5], 하시모토병[*6] 등이 있다.

[*4] 피부나 힘줄, 관절 등의 조직이 변성되어 생기는 병을 통틀어 이르는 말-옮긴이

[*5] 갑상샘 호르몬이 과잉 분비되어 갑상샘 기능 항진증을 일으키는 대표적인 자가면역질환. 안구 돌출 등의 증상이 나타나며 바제도병이라고도 한다. - 옮긴이

[*6] 면역 세포가 갑상샘을 공격하여 갑상샘 호르몬이 감소하여 갑상샘 기능이 저하되는 자가면역질환-옮긴이

이러한 자가면역질환이 왜 여성에게 더 많이 발생하는지, 그 원인을 몇 가지 생각해볼 수 있다. 하나는 성호르몬의 영향이다. 자가면역질환 중에는 여성 호르몬의 영향을 받는 것들이 있다[20, 21]. 반면 여성 호르몬이 아니라 남성 호르몬 저하와 관련이 있다는 보고도 있어, 자가면역질환의 종류에 따라 성호르몬과 다양한 관계가 있는 듯한데 여성 특유의 성호르몬 상태가 영향을 미치는 것 같다.

또 다른 원인은 마이크로키메리즘이다. 전신성 경화증은 피부나 여러 내부 장기가 서서히 딱딱해지고 손발 끝의 혈행이 나빠지는 등의 특징을 지닌 교원병 중 하나다. 남자아이를 출산한 경험이 있는 전신성 경화증 환자를 조사한 연구 보고를 보면 환자의 혈액과 피부에서 Y염색체로부터 유래된 DNA가 높은 빈도로 검출되었다[22]. 즉 남자아이의 세포가 섞이는 마이크로키메리즘이 발병의 원인이 아닌지 예측할 수 있다. 다른 자가면역질환에서도 마이크로키메리즘과의 연관성이 보고되고 있다[18]. 그러나 모든 질병 사례가 마이크로키메리즘으로 설명되는 것은 아니고 아직 원인이 밝혀지지 않은 자가면역질환도 있어, 다양한 발병 요인이 있다고 여겨진다.

♂ 남성 불임과 Y염색체

대학생들이나 일반 시민들에게 Y염색체 퇴화와 소실에 대한 이야기를 하면, 반드시 "Y염색체 퇴화와 남성 불임이 관계가 있습니까?"라는 질문이 나온다.

Y염색체상의 유전자에는 제1장에서 언급한 성 결정 유전자 외에 정자 형성에 꼭 필요한 기능을 가진 유전자도 존재한다. Y염색체상의 유전자는 남성이 되는 기능, 즉 정소를 만들기로 결정하고 생성된 정소 안에서 정자를 만드는 등 남성에게 꼭 필요한 기능을 가지고 있다.

정자를 만드는 유전자가 존재하는 Y염색체상의 장소에 결실이 생기면 유전자가 기능하지 못해서 정자 형성이 제대로 되지 않아 무정자증 또는 희소정자증*7이라는 남성 불임이 된다. 이들 유전자가 존재하는 장소를 AZF 영역(무정자증 인자 영역)이라고 하는데, Y염색체에는 AZF 영역이 최소 3개 정도 있다고 알려져 있다.

그래서 Y염색체의 퇴화와 남성 불임은 확실히 매우 큰 관련이 있다고 할 수 있지만, 적어도 현시점에서는 남성 불임이 반드시 Y염색체 때문만이 아니라 여러 원인이 복잡하게 얽혀 있다는 점을 주의해야 한다.

예전에는 남성 불임의 주된 원인이 Y염색체에 있다고 여겼다. 그러나 2000년대 들어 남성 불임에 대한 연구가 진행되면서 무정자증

---

*7 우리나라에서는 정액 1ml당 정자 수가 4,000만 개 이하는 정자감소증, 2,000만 개 이하는 희소정자증, 100만 개 이하는 무정자증, 50만 개 이하는 절대무정자증으로 판단한다.-옮긴이

남성 중 Y염색체가 원인인 사람은 7% 정도라고 보고되었다[23]. 즉 93%는 호르몬 이상이나 정자가 지나는 통로인 정관의 문제 등 Y염색체 이외에 원인이 있다고 알려졌지만 사실 원인 불명인 경우가 가장 많다.

2021년 조사에서 불임 검사 및 치료를 받은 적이 있는 부부는 22.7%(4.4쌍 중 1쌍)로, 18.2%였던 2015년 조사 결과보다 증가하는 경향을 볼 수 있다[24]. 또한 결혼한 지 5년 미만인 부부의 6.7%가 불임 검사 및 치료를 받고 있어 일본은 불임 치료 대국이라고 할 수 있다.

불임의 원인은 여성에게 있다고 생각하기 쉽지만, 남녀 모두에게 또는 남성에게만 원인이 있는 경우도 있어, 저출산이 심각한 문제로 여겨지는 일본에서는 Y염색체를 포함한 불임의 원인을 밝혀내는 의학 연구의 진전이 필요하다.

♂ 멈추지 않는 현대 남성의 정자 수 감소

불임이 늘어나는 추세인 가운데 더욱 치명적인 사실이 있다. 현대 남성의 정자 수가 감소하고 있다는 것이다.

2017년 충격적인 논문이 보고되었다[25]. 이스라엘, 미국, 덴마크, 브라질, 스페인 공동 연구팀은 불임이 아닌 남성의 정자 농도와 총 정자 수가 보고된 방대한 양의 연구 논문을 조사하여 논문에 기재된 수많은 데이터를 분석했다. 이렇게 복수의 연구 결과를 종합하여 분석하는 통계 기법을 '메타 분석'이라고 한다. 방대한 수의 데이터를 다루기 때문에 개별 연구보다 정확하고 신뢰할 수 있는 결론을 도출할 수 있어 최근 주목받는 방법이다.

메타 분석에 활용된 데이터는 1973년부터 2011년까지 수집된 것으로, 6대륙 50개국, 4만 2,935명의 남성을 대상으로 한다. 연구팀이 38년간 남성의 정자 농도와 정자 수 추이를 살펴본 결과, 북아메리카, 유럽, 호주, 뉴질랜드 남성의 정자 수가 50~60% 감소한 것으로 나타났다. 즉 현대 남성은 할아버지 세대에 비해 절반 이상 정자 수가 감소했다는 사실이 밝혀진 것이다.

이 연구 그룹은 지속적으로 메타 분석을 실시하여 2023년에 새로운 연구 논문을 발표했다[26]. 이전 논문에서는 2011년까지의 데이터를 사용했는데 새로운 논문은 2018년까지의 새로운 데이터를 포함했고, 지난 논문에서 데이터양이 적어 신뢰성 있는 결과를 얻을 수 없었던 남아메리카, 중앙아메리카, 아시아, 아프리카 남성의 데이터가 추가되었다. 즉 조사 지역이 넓어졌고, 조금 더 요즘 세대의 남성 정자 수를 분석할 수 있었다.

새로운 논문에서는 더욱 놀라운 결과가 보고되었다. 연구팀은 1년이 지날 때마다 정자 수가 얼마나 감소하는지 그 추이를 계산했다. 그 결과 2000년까지는 정자가 1년에 1.16%씩 감소했으나 2000년

이후에는 감소 속도가 증가해 1년에 2.64%나 감소하고 있다는 사실을 알게 되었다. 그리고 지난 논문에서는 한정된 나라에서만 정자 수가 감소하는 경향을 보였는데, 데이터가 추가된 새로운 논문에서는 나라와 지역을 막론하고 세계적인 규모로 정자 수가 감소하고 있다고 밝혀졌다.

♂ 일본 남성의 정자에 대한 충격적인 사실

일본인 남성의 정자 수를 조사한 연구 보고도 있다[27]. 일본 성마리안나의과대학과 국제의료복지대학 공동 연구 그룹은 일본과 유럽의 국제 공동 연구를 실시하여, 20~44세 일본인 남성 324명(평균 연령 32.5세)의 정자 수와 유럽 4개국(핀란드, 스코틀랜드, 프랑스, 덴마크) 남성의 정자 수를 비교했다. 이 연구에서 나이 등 여러 조건을 각 나라가 똑같이 맞추었고 금욕기간에 따른 영향이 나오지 않도록 보완하여 각국 남성의 정자 수를 통계적으로 비교 분석했다.

그 결과 일본인 남성의 정자 수가 가장 적은 것으로 나타났다. 일본인 남성의 정자 수는 가장 많은 핀란드 남성의 대략 3분의 2 정도였다.

남성의 정액 속에 존재하는 정자 수는 1ml당 대략 5,000만~1억 개 정도로, 사람마다 차이가 크다. 정상적인 정자 수의 기준치는

1ml당 2,000만 개 이상이라고 한다. 여기서 소개한 연구 논문은 불임이 아닌 남성이 조사 대상이기 때문에 현시점의 감소율은 남성의 생식 능력에 영향을 주는 것은 아닐지도 모른다. 그러나 정자 수가 줄어드는 추세라는 것은 틀림없는 사실인 데다가 2000년대에 들어서 감소율이 가속화되고 있으니 머지않아 남성의 생식 능력에 커다란 영향을 줄 것으로 우려된다.

정자 수는 왜 감소하고 있을까?

수면 부족이나 영양 상태 등 생활 습관, 스트레스 등 심리적 요인, 환경 호르몬과 같은 환경 요인 등이 원인일 것이라고 추측하고 있지만 명확한 원인이 밝혀지지는 않았다.

유럽에서는 이미 정자 수 감소가 심각한 사회 문제로 대두되고 있으며, 이제 일본 역시 남의 일이 아니다. 저출산이라는 큰 과제를 안고 있는 일본에서 장기적으로 메타 분석을 실시하고 Y염색체나 유전자의 영향을 포함한 정자 수 감소와 불임에 관한 의학 연구를 진행하는 것이 급선무다.

애초에
성이란 무엇일까?

위대한 그 다양성

생물의 세계를 알면 알수록 '성'이란 대단히 유연하며 다양하다는 것을 깨닫게 된다. 반면 우리 인간 사회에서 '성'에 대한 인식은 얼마나 고정적이고 틀에 박혀 있는지…….

이 장에서는 다양한 생물의 예를 소개하며 애초에 성이란 무엇이고 어떤 것인지에 대해 이야기하고자 한다.

🔗 애초에 '성'은 존재하지 않았다

여러 가지 설이 있지만 지구상에 처음 생물이 탄생한 것은 대략 40

억 년 전이라고 보고 있다[1]. 최초로 등장한 생물은 하나의 세포가 생명 활동을 영위하는 단세포 생물이었다고 한다. 초기 생물은 매우 심플하고 단순한 구조를 가졌고 분열 등을 통해 자신의 복제본을 늘리는 형태로 자손을 남겼다. 그래서 생물은 처음 등장한 이후 수십억 년 동안 성을 갖지 않고 개체수를 늘리는 방법을 취했다.

이처럼 성을 갖지 않고 개체수를 늘리는 생식 방법을 '무성생식'이라고 한다. '성'이 '없는' 생식이라는 뜻의 이 명칭은 '성'이 있어서 붙여진 것이지만 애초에 생물은 성을 가지지 않고 길고 긴 진화의 시간을 보냈다.

현존하는 생물 중 지금도 여전히 무성생식을 하는 생물이 많다. 아메바나 유글레나는 몸이 두 개로 나뉘어 수를 늘리는 '분열'을, 히드라나 산호는 모체의 몸 일부에서 새끼가 발생하는 '출아'라는 무성생식 방법을 취한다. 또한 식물이 씨앗이 아니라 몸체 일부에서 새로운 개체를 만드는 것을 '영양생식'이라고 한다. 감자는 줄기에, 고구마는 뿌리에 영양분을 저장하여 커지는데 이 또한 무성생식이다.

❦ '성'의 탄생—일배체와 이배체의 반복

생물은 탄생 후 수십억 년이 지나서야 비로소 자신의 복제본을 만드는 것이 아니라 두 종류의 세포를 접합시켜 새로운 세포(개체)를 만드는 생식 방법으로 진화했다. 이것을 '유성생식'이라고 부른다.

여기서 수컷과 암컷이 생겼다고 생각하는 사람이 있을 텐데 그렇지 않다. 사실 유성생식에 반드시 두 가지 성이 필요한 것은 아니다.

매우 무미건조한 설명이지만 유성생식이란 일배체 세대와 이배체 세대를 번갈아가며 반복하는 사이클을 통한 생식 방법을 말한다(그림 3-1). 생물이 생명 활동을 유지하는 데에 필요한 모든 유전 정보가 담긴 세트를 게놈이라고 부르는데, 게놈 한 세트가 일배체, 두 세트가 이배체다.

제2장에서 Y염색체 소실에 대해 설명할 때 정자와 난자를 만들려면 감수분열이라는 분열 방법을 거쳐 염색체 수를 절반으로 줄인다고 이야기했었다. 인간의 세포 대부분은 염색체 수가 46개인데 이는 이배체에 해당한다. 정자와 난자는 염색체 수를 절반으로 줄인 일배체[*1]다. 일배체인 정자와 난자가 수정(접합)하여 새로운 이배체 세포인 수정란이 되고, 그 수정란이 새로운 개체가 된다. 이 개체가 성장하면 일배체인 정자 또는 난자를 생산하고 또다시 수정하여 이배체가 되는 사이클을 반복한다. 즉 일배체 세대와 이배체 세대를 번갈아가며 반복하는 사이클을 통한 생식 방법이라는 것이다.

정자와 난자로 설명하면 비교적 이미지를 떠올리기 쉬운데, 사실

[*1] 엄밀하게 말하면 반수체라고 한다.

일배체인 세포는 정자와 난자처럼 서로 다른 특징을 가져야 하는
건 아니고 이들을 생산하는 암컷과 수컷 역시 존재할 필요가 없다.

정자와 난자처럼 서로 접합하여 새로운 개체를 만드는 생식 세포
를 '배우자(配偶子, Gamete)'라고 한다. 조류 등 현존하는 생물 중에
는 각 개체가 생산하는 배우자 간의 크기나 형태, 성질 등의 차이를
볼 수 없는 것도 있다. 유성생식이 진화한 초기 상태를 알기는 매우
어렵지만 아마도 맨 처음에는 배우자 간에 차이가 없고 암컷과 수

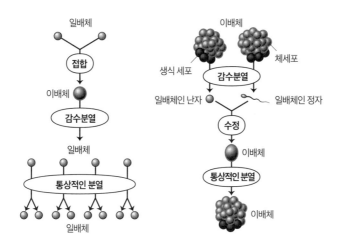

그림 3-1 유성생식의 예시

(왼쪽) 일배체끼리 접합하여 이배체가 되고, 감수분열을 하여 또 다른 일배체가 된다.
(오른쪽) 이배체인 생식 세포가 감수분열을 통해 일배체인 난자나 정자가 되고, 두 개가 수정하여
또 다른 이배체가 된다.
Bruce Alberts, 『Molecular Biology of the Cell(세포의 분자생물학) 5th edition』 Fig 21-3에서 인용, 수정함.

컷도 다른 점이 없었을 것이라고 보고 있다.

♂ 생물학적으로도 성은 두 종류만 있다고 할 수 없다

또한 정자와 난자, 수컷과 암컷처럼 성은 반드시 두 종류라고 할 수는 없다. 예를 들어 단세포 생물인 짚신벌레는 유성생식을 할 때 체내(세포 안)에서 감수분열을 하여 일배체가 된 핵(DNA가 하나로 합쳐진 구조체)을 만들어낸다. 그리고 다른 개체와 딱 달라붙어 서로 핵을 교환한다. 그렇게 받은 다른 개체의 핵과 자신의 핵을 융합하여 접합이 완료된다.

이 접합을 실행하기 위해 짚신벌레는 몇 개 그룹으로 나누어져 같은 그룹의 개체끼리는 접합하지 않고 다른 그룹의 개체를 선택한다고 알려져 있다[2]. 이 그룹을 '접합형'이라고 하며 암수와 같은 성별에 해당한다고 보는데 짚신벌레의 접합형은 여러 개 있다. 접합형이 16종류나 된다는 연구 보고도 있는데 이는 곧 16종류의 성별이 존재한다는 뜻이다[3].

더 놀라운 수의 성별을 가진 생물도 있다. 바로 점균류의 한 종류인 황색망사점균이다. 자연 상태에서는 낙엽이나 썩은 나무 표면에 서식하는데 실험실에서 배양할 수 있어서 연구 모델 생물로도 잘 알려져 있다.

성별에 대해 이야기하기 전에 황색망사점균의 놀라운 능력을 소개하겠다. 황색망사점균은 단세포 생물이라 당연히 인간처럼 발달한 뇌는 없지만 지성이 있는 것처럼 행동하여 매우 유명한 생물이다. 황색망사점균의 지성과 관련된 연구 분야에서 세계적으로 유명한 홋카이도대학의 나카가키 도시유키 교수 연구팀은 미로 전체에 황색망사점균을 퍼트려두고 미로의 입구와 출구에만 먹이를 두었다. 그러자 황색망사점균은 먹이로 가는 길이 아닌 경로에서 벗어나 먹이가 있는 입구와 출구를 잇는 최단 경로에만 남아 있었다[4].

그리고 나카가키 교수팀은 한천 플레이트 위에 간토 지방 지도를 그리고 지도 위에 주요 도시 위치에 맞춰 먹이를 두었다. 산, 바다, 강 등이 있는 부분은 황색망사점균이 싫어하는 빛을 비춰서 피해 갈 수 있도록 했다. 그리고 도쿄역 위치에 황색망사점균을 놓으니 먹이를 찾아서 넓게 퍼졌는데, 도쿄역과 먹이(간토 주요 도시)를 연결하는 황색망사점균의 경로는 실제 JR 노선도와 매우 흡사했다. 인간이 효율적으로 도시 사이를 연결하기 위해 고안한 교통망을 재현하는 황색망사점균의 놀라운 능력이 밝혀진 것이다. 나카가키 교수는 2008년에 미로 연구로 '인지과학상', 2010년에 교통망 연구로 '교통 계획상'이라는 이름의 이그노벨상*2을 두 번이나 받았다.

---

*2 '사람들이 웃기다고 생각한 연구'에 주는 상. 노벨상을 패러디한 것으로, 1991년에 마크 에이브러햄스가 만들었다.

황색망사점균은 유성생식을 할 때 감수분열을 하여 포자라고 불리는 배우자를 만든다. 포자는 바람을 타고 이동하여 발아하면 이동할 수 있는 세포인 유주자가 된다. 유주자는 서로 다른 타입(접합형)끼리 융합하는데 접합형이 무려 720종류나 된다고 한다. 마치 인간처럼 지성이 있는 듯한 행동을 하는 데다 다수의 성별을 가진 황색망사점균은 정말 신기한 생물이다.

♂ 두 가지 성이 생긴 이유

지금까지의 이야기를 정리해보면 생물이 진화하는 과정에서 획득한 성은 원래 암컷과 수컷처럼 구별되지 않았고, 성별에 따른 차이가 있다 하더라도 두 가지로 한정되지 않았다는 사실을 알 수 있었다. 그렇다면 왜 현존하는 생물에서 암컷과 수컷, 정자와 난자라는 두 개의 형태로 진화한 것일까?

차이가 없었던 배우자가 난자나 정자와 같이 다른 특징을 지닌 것으로 진화한 이유로는, 여러 가지 설이 있지만 생물의 신체 구조나 기능이 보다 복잡하게 고도로 진화한 것과 관계가 있다고 보는 설이 가장 널리 알려져 있다. 단세포 생물에서 여러 개의 세포가 모여 개체를 만드는 다세포 생물로 진화했다. 그리고 배우자가 융합하고 세포 분열을 반복하여 세포 수를 늘리며 보다 복잡한 구조의 신체를 만들기 위해 많은 영양분이 필요하게 되었다. 여기서 어떤 유형의 배우자는 영양분을 가득 축적한 것, 즉 난자로 진화한다.

하나의 배우자에 많은 영양분을 주게 되면 배우자를 많이 생산하기 어려워진다. 전체 수가 줄어들면 배우자끼리 만날 수 있는 기회도 적어져서 생식의 효율이 떨어진다. 그래서 영양을 줄이고 그만큼 수를 늘릴 수 있는 배우자가 진화한다. 이것이 정자다. 난자는 많은 영양분을 축적하기 위해 사이즈가 커지고 이동 능력은 저하되었다. 그러자 영양분을 최저로 줄여 대량 생산된 가벼운 정자는 움직이지 않는 난자를 만나기 위해 운동 능력 등을 갖게 되었다. 이렇게 수는 적지만 영양분이 많고 큰 난자와, 영양과 운동을 위해 필요한 최소한의 에너지를 갖고 슬림하게 대량 생산되는 정자라는 두 가지 형태로 만들어졌다고 한다(그림 3-2).

인간이 만드는 난자의 수는 사람마다 큰 차이가 있지만 예를 들어 쉽게 계산해보자. 인간의 난자는 대략 28일 주기로 1개 배란되므로 한 달에 한 번 배란한다고 가정하고 초경을 시작하는 15세부터 완경을 하는 50세까지 35년간 계속되었다고 하면 평생 420개의 난자를 배출한다는 계산이 나온다. 반면 정자 생산 수 또한 개인마다 큰 차이가 있지만 한 번 사정할 때 억 단위의 정자가 방출된다고 알려져 있다. 수를 비교하는 것만으로도 난자와 정자가 큰 차이가 있다는 것을 알 수 있다.

이렇게 다른 특징을 지닌 배우자를 만들기 위해 각자의 목적에 맞

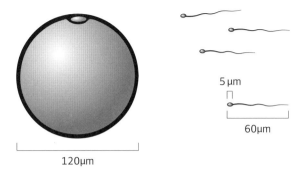

그림 3-2 두 가지 형태로 나뉜 난자와 정자
(왼쪽) 인간의 난자 지름은 대략 120μm(0.12mm)다.
(오른쪽) 정자의 길이는 대략 60μm(0.06mm) 정도로, 염색체가 들어 있는 정자의 머리 부분은 단 5μm(0.005mm)다.

는 기관이 발생한다. 이것이 정소와 난소다. 정소와 난소도 원래 좀 더 단순한 구조로 된 기관이었지만 정소는 정자를, 난소는 난자를 만든다는 목적에 특화된 구조와 기능을 갖게 되었다.

제1장에서 생식샘이라는 기관은 정소 또는 난소 어느 것이든 될 수 있는 능력을 가졌다고 언급했었다. 원래 똑같은 기관이었지만 각각 다른 특징을 지닌 생식 기관을 발생시키기 위해, 거기에 유전자와 호르몬의 기능을 빌려 더욱 고도로 복잡한 정소, 난소를 만들게 된 것이다.

🔗 암수는 개별체가 아니어도 된다

생물학적으로는 난소가 있고 난자를 만드는 개체를 암컷, 정소가 있고 정자를 만드는 개체를 수컷이라고 정의하지만 암수가 별개의 개체일 필요는 없다.

개체마다 수컷과 암컷이 나누어져 있으면 '자웅이체'라고 한다. 반면 하나의 개체에 수컷의 생식 기관과 암컷의 생식 기관을 다 가지고 있는 생물도 많다. 이런 생물을 '자웅동체'라고 한다.

대표적인 자웅동체 생물은 식물이다. 대부분의 속씨식물[3]은 자웅동체인데 몇 가지 유형으로 나뉘어 있다고 알려져 있다. 하나의 꽃에 수술과 암술이 같이 있는 경우를 양성화(암수한꽃)라고 하며 대부분의 속씨식물이 여기에 속한다. 또한 암술만 있는 암꽃, 수술만 있는 수꽃도 있는데 이를 단성화(암수딴꽃)라고 한다. 오이나 호박 등 박과 식물이 단성화인 식물로 알려져 있다. 다만 한 그루(1개체)에 암꽃과 수꽃이 다 피어서 단성화도 자웅동체 유형 중 하나로 보고 있어 '자웅동주'라고도 불린다.

수는 적지만 주(株)마다 암꽃만 또는 수꽃만 피는 식물도 있다. 내가 소속되어 있는 홋카이도대학 캠퍼스에는 포플러와 은행나무 가

---

[3] 밑씨가 둘러싸여 있는 식물. 반대로 밑씨가 밖으로 드러나 있는 식물은 겉씨식물이라고 한다.

로수가 늘어선 무척 아름답고 유명한 관광 명소가 있는데, 포플러와 은행나무는 그루(나무)마다 성이 나뉘어 있어 '자웅이주'라고 불린다. 이외에도 시금치와 아스파라거스, 겉씨식물 등이 자웅이주라고 알려져 있다.

식물의 진화에서는 자웅동체(암수한꽃)가 기본이고 양성화의 암술 또는 수술이 퇴화하여 단성화가 생겼다고 보고 있다. 즉 원래 암수는 공존하는 것이었다.

동물은 어떨까? 동물도 달팽이, 지렁이, 군소, 갯민숭달팽이, 기생충류, 일부 심해어 등이 자웅동체로 알려져 있다. 이들의 공통적인 특징은 무엇일까?

동물을 싫어하는 사람이라면 "왠지 모양이 기분 나쁘게 생겼다?"라고 대답할지도 모르겠지만 식물도 포함하여 생각하면 쉽게 이미지를 떠올릴 수 있을 것이다. 답은 자발적으로 이동하기 어렵다는 것이다. 대부분의 식물은 스스로 움직일 수 없다. 그래서 수술로 만들어진 꽃가루(배우자)를 암술에 전달하기 위해 바람이나 곤충 등 다른 힘을 빌려야 한다. 달팽이나 지렁이 등도 느리게 움직이기 때문에 운동 능력이 그리 뛰어나지는 않은 듯하다. 기생충은 숙주의 체내에 기생하기 때문에 제한된 환경 속에 머무르는 경우가 많을지도 모른다. 이러한 특징을 가진 생물은 생식할 상대를 찾기가 어렵다는 문제가 있다.

암수가 다른 개체라면 흔치 않은 기회에서 모처럼 만난 상대가 자신과 같은 성이라면 생식을 할 수 없다. 그러나 자웅동체라면 동류를 만날 수만 있다면 서로 정자를 교환하고 자신의 난자에 수정하여 생식할 수 있다. 그래서 상대를 찾기 어렵다는 문제를 자웅동체라는 것으로 보완한다고 볼 수 있다.

자웅동체라면 자신의 정자와 난자를 수정시키면 되기 때문에 군이 상대를 찾을 필요가 없을 것이라고 생각할 수도 있다. 그런데 대부분의 생물은 자신의 배우자끼리 접합하는 것, 즉 자가 수정이 안 된다.

반면 자웅이체인 생물은 암컷과 수컷 중 어느 한 종류의 생식 기관만 갖는 대신 상대를 찾고 만나기 위한 능력을 진화시켰다. 빠른 이동 또는 장거리 이동을 가능하게 하는 다리나 날개, 지느러미 등의 구조, 상대를 끌어당기는 페로몬 등의 물질 분비, 울음소리나 초음파 등 어떤 소리를 내어 상대에게 알리는 발음기관의 발달 등 생식 상대를 찾고 만나기 위한 다양한 특징이 진화해왔다.

𝍏 제3의 성

어떤 생물종은 자웅이체만, 또 어떤 종은 자웅동체만 있다고 명확하게 나뉘어 있는 것은 아니다. 볼복스라는 조류(藻類, Algae)의 무리는 자웅동주인 양성 개체만 존재하는 그룹, 암컷과 수컷이 나누어진 자웅이체만 존재하는 그룹, 양성 개체, 수컷 개체, 암컷 개체 세 종류가 공존하는 그룹이 있다. 공존하는 그룹은 수컷과 암컷이 나누어진 종에서 양성형인 종으로 진화하는 중이라고 생각되며 제3의 성인 양성과 공존하는 상태라고 할 수 있다[5]. 이외에도 자웅동체와 자웅이체가 공존하는 생물이 더 있다고 알려져 있다.

또한 선형동물인 선충은 세계적으로 널리 사용되는 연구 모델 생물인데 대부분의 개체가 XX형의 성염색체를 가진 양성 개체다. 기본적으로 양성 개체로 생식하며 매우 드물게 X염색체를 1개만 가진 XO형 개체가 태어나고 이는 수컷이 된다. 수컷 개체는 전체의 0.1% 정도만 존재한다고 알려져 있다.

여러 생물을 살펴보면 반드시 암컷과 수컷이 따로 존재하는 것은 아니며, 수컷 개체, 암컷 개체, 양성 개체가 공존하는 상태도 드문 일이 아니라는 것을 알 수 있다.

♂ 네 가지 성을 가진 새

게다가 암컷과 수컷으로 성별이 나뉘어 있더라도 단순히 두 가지 유형이라고 할 수는 없다고 주장하는 연구 보고도 있다.

참새목에 속하는 흰목참새는 캐나다와 미국 북동부에서 번식하고 미국이나 멕시코 북부에서 겨울을 난다. 울창한 숲속부터 가정

집 마당까지 광범위하게 서식하며 먹이로 씨앗이나 곤충을 먹는다. '오 마이 스위트 캐나다 캐나다 캐나다'처럼 들리는 노랫소리로 친근한 새인데, 2000년경에 이 울음소리의 패턴이 변화한 '신곡'이 생기고 빠른 속도로 서식지 전체에 퍼져나갔다[6]. 새의 세계에도 유행가가 있고 유행이 빠르게 퍼진다는 매우 흥미로운 연구로 잘 알려진 새인데, 흰목참새는 무려 네 가지 성이 있는 것으로도 유명하다.

새도 성염색체 조합으로 성이 결정되지만 포유류와 달리 Z염색체와 W염색체를 가지고 있다. 새의 Z, W염색체는 우리의 X, Y염색체와 다른 염색체이지만 Z는 X처럼 크고 W는 Y처럼 작다는 특징이 있다. 그리고 큰 Z염색체를 두 개 가진 ZZ형이면 수컷, 큰 Z염색체와 작은 W염색체를 한 개씩 가진 ZW형이면 암컷이 되는, 포유류와 반대 조합이다.

흰목참새는 머리에 흰색 줄무늬가 있는 개체와 갈색 줄무늬가 있는 개체가 있다. 새 중에 암컷과 수컷에 따라 날개의 색깔이나 무늬가 다른 것도 있지만 흰목참새의 줄무늬 색깔 차이는 암수 모두에게 나타난다.

인디애나주립대학의 생물학자 터틀과 그녀의 남편이자 같은 생물학자인 곤서는 무려 30년 동안 흰목참새의 생태를 관찰하여 줄무늬 색깔 차이에 따라 생식 행동이 다르다는 사실을 알아냈다[7]. 성별과 관계없이 흰색 줄무늬인 개체는 공격적이고 노래를 잘하며 여러 상대와 관계를 맺지만 육아에 비협조적이다. 반면 갈색 줄무늬를 가진 개체는 노래는 서툴지만 짝이 된 상대와 평생 사는 일부일처제를 유지하며 육아도 열심히 한다.

줄무늬 색깔에 따라 전혀 다른 특징을 가졌는데 흰색 수컷은 갈색 암컷과 짝을 이루고, 반대로 갈색 수컷은 흰색 암컷과 짝을 이룬다. 흰색끼리 또는 갈색끼리 짝을 이루지 않으니 결국 흰색 수컷, 갈색 수컷, 흰색 암컷, 갈색 암컷이라는 네 가지 성이 존재하게 되는 것이다(그림 3-3 위쪽).

터틀의 연구팀은 이러한 차이를 만들어내는 것은 Z나 W 같은 성염색체가 아니라 2번 염색체상 영역이라는 사실을 명백히 밝혔다[(8)]. 흰목참새의 2번 염색체에는 일부 영역에 '역위'가 일어난다. 역위에 대해서는 제2장에서 설명했지만, 염색체 일부가 잘려 절단된 단면이 뒤집혔다가 다시 연결되는 현상으로, 염색체에 일어나는 구조 이상 중 하나다. 역위가 일어난 영역에는 염색체 접합과 교차가 일어나지 않고 유전자의 재조합도 일어나지 않기 때문에 Y염색체가 유전자를 잃고 짧아지는 구조와 관계가 있다고 제1장에서 설명했다.

흰목참새의 2번 염색체에도 역위가 생긴 영역에서는 유전자의 재조합이 일어나지 않아서 역위가 일어난 염색체와 일어나지 않는 염색체인 채로 유전자에 조금씩 그 차이가 축적된다. 흰목참새의 줄무늬 색깔을 지배하는 유전자와 생식 행동에 관계하는 유전자는 역위 영역 내에 포함되어 역위가 일어난 2번 염색체를 가지면 줄무늬는 흰색이 되어 자유분방해지고, 그렇지 않으면 갈색 줄무늬가 되어

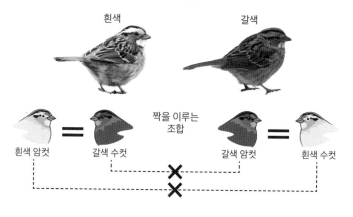

흰목참새

흰색   갈색

흰색 암컷   갈색 수컷   짝을 이루는 조합   갈색 암컷   흰색 수컷

목도리도요

세 종류의 수컷   암컷

영역형
영역을 주장하고
공격적임
목도리 같은 깃털이
검은색

위성형
세력을 갖지 않음
목도리 같은 깃털이
하얀색

암컷의태형
암컷과 똑같음

그림 3-3 성은 두 가지로 제한되지 않는다

(위쪽) 두 종류의 수컷과 두 종류의 암컷이 있는 흰목참새. 흰색끼리 또는 갈색끼리는 짝을 이루지 않는다. 즉 흰색 수컷, 갈색 수컷, 흰색 암컷, 흰색 수컷이라는 네 가지 성이 존재한다.

사진 왼쪽: ©gqxue / 오른쪽: ©Warren_Price

(아래쪽) 세 종류의 수컷이 있는 목도리도요

사진 왼쪽부터: ©Knyva / ©motto555 / ©Ian Dyball / ©Charlotte Bleijenberg

견실한 유형이 된다고 보았다. 그리고 역위가 일어난 2번 염색체가 Z 나 W염색체와는 다른, 제3의 성염색체로 작용하는 것이다.

🧬 초유전자, 슈퍼진!

흰목참새의 2번 염색체 유전자처럼 재조합을 일으키지 않고 다음 세대로 전승되는 인접 유전자군을 '초유전자(슈퍼진)'라고 부른다. 초유전자의 개념 자체는 대략 100년 전부터 등장했지만 자세한 내용은 잘 알려지지 않았다

여기에 2005년쯤부터 차세대 염기서열 분석(NGS)이라고 불리는 DNA 염기서열을 고속으로 효율 높게 대량 해독하는 기술이 등장했다. 차세대 염기서열 분석은 우여곡절을 거치면서 현재도 나날이 발전하며 획기적인 개발이 이루어지고 있다. 이러한 기술의 진보에 따라 다양한 생물에서 게놈 정보를 해독할 수 있었고 지금까지 알려지지 않았던 초유전자의 존재도 밝혀지게 되었다.

재조합이 일어나지 않고 원래 기능과 다른 유전자로 분화하는 현상은 원래 X염색체와 Y의 유전자에서 일어나는 일이라고 알려져 있었다. 그래서 연구의 역사에서 보면 초유전자가 나중에 밝혀졌지만 현재는 성염색체 유전자도 초유전자라고 보고 있다.

♂ 세 종류의 수컷

앞서 잠시 언급한 것처럼 수컷과 암컷의 생김새가 많이 다른 조류는 꽤 알려져 있다. 유명한 것 중 하나는 공작새다. 암컷은 깃털 장식과 색깔 모두 비교적 수수한 반면 수컷은 아름답고 색깔도 화려한 깃털을 가지고 있다. 수컷과 암컷 모두 같은 종인데 왜 이렇게 차이가 나는 것일까?

진화학자로 유명한 바로 그 찰스 다윈 역시 이 문제 때문에 상당히 골머리를 앓았던 듯하다. 고민 끝에 다윈이 도출한 답은 이성을 둘러싼 경쟁이 일어나서 진화한다는 '성 선택'이라는 이론이었다. 아주 간단하게 말하면, 예를 들어 암컷에게 선택받기 위해 수컷들 사이에서 경쟁이 생겨, 보다 선택받기 쉬운 형질을 가진 수컷이 자손을 남기기 때문에 그 형질로 진화한다는 이론이다.

성 선택에 따른 진화는 '암컷과 수컷의 차이'라고 이해하는 경우가 많지만 실제로는 하나의 성에서도 변주가 생긴다.

도요과에 속하는 목도리도요라는 새는 주로 유라시아 대륙 북부의 늪지대나 습한 초원에 서식한다. 수컷이 르네상스 시대 유럽에서 유행했던 주름진 옷깃인 '러프'와 비슷한 깃털을 가지고 있어 붙은 이름인데, 사실 목도리도요의 암컷은 한 종류이지만 수컷은 세 종류의 유형이 존재한다고 알려져 있다(그림 3-3 아래쪽).

목도리도요의 수컷 세 유형은 다음과 같은 특징이 있다. 전체 수

제3장 .... 애초에 성이란 무엇일까? ....

컷 중 약 80% 이상이 목에 갈색과 흑색이 섞인 깃털 장식이 있고 영역 의식이 강한 '영역형'이라는 유형이다. 그리고 수컷 5~20%가 '위성형'이라 불리는 유형인데, 목에 하얀 깃털 장식이 있고 영역 의식이 강하지 않으며 영역형 수컷의 영역에 침입하여 암컷과 교미한다. 또 다른 하나는 암컷과 생김새가 똑같은데 다른 수컷이 암컷과 교미하는 것을 방해하고 틈새를 공략하여 암컷과 교미하는 '암컷의 태형'이라는 유형으로, 1% 정도 존재한다.

'영역형'이 가장 수컷다운 수컷이라고 한다면 '위성형'은 수컷과 암컷 중간에 위치하지만 조금 더 수컷다운 유형이고, '암컷의태형'도 중간에 위치하지만 조금 더 암컷에 가깝다고 볼 수 있다. 즉 수컷인지 암컷인지 양자택일하는 것이 아니라 하나의 성 표현도 베리에이션이 있고 암수 사이에 연속적으로 존재하는 상태라는 뜻이다.

목도리도요는 왜 이러한 베리에이션이 생긴 것일까?

사실 목도리도요에도 초유전자가 있다고 알려져 있다[9, 10]. 목도리도요의 염색체에는 125개의 유전자가 포함된 영역에서 역위가 나타나 재조합이 일어나지 않고 남아 있다. 이 역위는 대략 지금으로부터 380만 년 전에 나타난 것으로 추정되며, 이후에 지금으로부터 약 50만 년 전에 여러 영역에서 다시 역위가 일어나 원래대로 돌아갔다고 보고되고 있다. 최초의 역위 영역에 포함된 초유전자를 가진 수컷이 '암컷의태형'이, 여러 영역에서 한 번 더 역위가 일어난 포함된 초유전자가 있는 수컷이 '위성형'이, 어떤 역위 영역도 없는 수컷이

'영역형'이 된다.

🔗 개체의 성은 보편적이지 않다

다양한 생물을 살펴보면 성은 수컷인지 암컷인지 획일적으로 말할 수 없다는 사실을 알 수 있다. 원래 성은 수컷과 암컷 두 종류로 한정되지 않고 수컷과 암컷 가운데서도 베리에이션이 있다. 게다가 성 유형은 고정적이지 않고 그 개체가 살아가는 동안에 변화하기도 한다고 알려져 있다.

나는 성 결정과 성염색체에 대한 이야기를 해달라는 의뢰를 받고 과학 관련 TV 프로그램에 몇 번 출연한 적이 있다. 그리고 많은 방송에서 '흰동가리 이야기를 해달라'라는 요청을 받았다. 나는 물고기 연구자는 아니지만, 흰동가리는 유명한 애니메이션의 주인공이 될 정도로 귀여운 외모와 높은 인기 때문에 TV 프로그램에서 다루기 매우 적합한 주제다. 아름답고 큰 수조에 담긴 흰동가리가 녹화 스튜디오에 준비되었던 적도 있었다.

왜 흰동가리 이야기를 하느냐면 이 물고기는 성전환하는 것으로 매우 유명하기 때문이다. 흰동가리는 여러 마리가 모여 무리를 지어 생활하는데 몸 크기로 성이 정해진다. 무리에서 가장 몸집이 큰 개체가 암컷, 두 번째로 큰 개체가 수컷이다. 세 번째 이하 개체는 성적으로 미성숙한 상태(성숙하지 않은 수컷 예비군)로, 생식에 참여하지 않는다.

암컷이 죽거나 집단에서 사라지면 두 번째로 큰 개체가 첫 번째가 되므로, 암컷으로 성전환한다. 그리고 세 번째로 큰 개체가 성적으로 성숙하여 수컷이 된다. 즉 흰동가리는 살면서 수컷인 시기와 암컷인 시기를 모두 경험한다는 것이다.

덧붙이자면 흰동가리는 수컷에서 암컷으로의 전환만 가능하고 그 반대는 안 되는 것으로 알려져 있다.

많은 종의 어류가 성전환을 한다고 알려져 있으며 성전환 방향에 따라 세 가지 그룹으로 나뉜다. 수컷에서 암컷으로만 성전환하는 유형을 웅성선숙이라고 하며 흰동가리 외에 감성돔, 양태 등이 이 유형으로 알려져 있다. 반대로 암컷에서 수컷으로만 성전환하는 자성선숙에는 능성어, 용치놀래기, 금강바리 등이 있다. 또한 수컷에서 암컷으로, 그리고 암컷에서 수컷으로 양쪽 모두 성전환할 수 있는 유형도 존재하는데 이를 양방향형이라 부르며 오키나와 베니하제라는 물고기가 가장 유명하다.

🔗 몇 번씩 성을 바꾸는 물고기

오키나와 베니하제는 오키나와에서 가고시마에 걸친 아열대 산호초 지대에 서식하며 몸길이가 3cm 정도인 작은 물고기다. 몸 전체가 붉은빛이 도는 오렌지색인데, 흰동가리 못지않은 훌륭한 '치장'이다. 오키나와 베니하제는 한 마리의 수컷이 여러 암컷과 짝을 이루는 일부다처제 생식 시스템을 취하고 있다. 오키나와 베니하제도 몸 크기에 따라 성이 결정되는데 흰동가리와 다르게 무리 중 가장 큰 개체가 수컷이 되고 나머지는 전부 암컷이 된다.

하렘에서 수컷이 없어지면 암컷 중에서 가장 큰 개체가 수컷으로 성전환한다. 그리고 하렘에 몸집이 큰 수컷 개체를 넣으면 원래 수컷이었던 개체가 암컷으로 바뀐다.

몸길이 차이가 2mm밖에 나지 않는 두 마리의 수컷을 같은 수조에 넣는 실험에서 아주 조금 크기가 작은 수컷이 암컷으로 바뀌는 것으로 보아, 오키나와 베니하제는 매우 정확하게 서로의 크기를 판단할 수 있다고 보고되었다[11]. 또한 어느 쪽으로 성전환이 되더라도 곧바로 뇌의 성전환이 시작되어 30분 내로 바뀐 성의 행동을 하게 된다. 그러나 신체의 성전환, 즉 생식샘이 난소 또는 정소로 바뀌는 데에는 조금 시간이 걸려서 수일에서 열흘 만에 완료된다.

흰동가리는 몸이 크면 암컷이 되지만 오키나와 베니하제는 반대로 몸이 크면 수컷이 된다. 이러한 차이는 어디서 생기는 것일까?

그것은 생식 시스템이나 서식 환경의 차이에 따른 것이라 보고 있다. 오키나와 베니하제처럼 일부다처제인 생식 시스템인 경우, 큰 수컷이 암컷을 독점하고 작은 수컷은 쫓겨난다. 그래서 몸집이 작을 때는 하렘 안에 암컷으로 존재했다가 커지면 수컷이 되어 효율적으로 자손을 남길 수 있는 것이다.

반면 흰동가리는 무리를 지어 생활하지만 생식에 참여하는 것은 암수 한 쌍뿐인 일부일처제에 가까운 생식 시스템을 취하고 있다. 이 경우 몸집이 클수록 알을 많이 생산할 수 있기 때문에 암컷이 커야 유리한 것이다. 또한 집단을 만드는 것이 외부의 적에게 공격당했을 때 리스크가 낮아지므로 몸집이 작을 때는 미성숙한 상태로 무리에서 생존하고 몸이 자라면서 수컷, 다음에는 암컷이 되어 생식하는 것이 효율적이다.

이처럼 원래 생물의 성은 절대 고정적인 것이 아니고 환경이나 상황에 따라 최적의 상태를 선택하는, 유연하게 변화하는 것이다. 성전환 연구는 어류를 대상으로 한 연구가 많아서 물고기를 예로 들어 설명했지만 실제로는 어류 외의 생물에서도 상당히 많은 성전환 사례가 보고되고 있다.

🧬 성을 결정하는 요인

유전자로 성이 결정되는 경우를 유전적 성 결정(Genetic Sex Determination, 줄여서 GSD)이라고 부른다. 이 책에서 여러 번 언급했던 포유류의 SRY 유전자가 대표적인 유전적 성 결정이다. SRY 유전자는 척추동물에서 최초로 발견된 성 결정 유전자인데, 포유류는 일부 예외를 제외한 거의 모든 종에서 SRY 유전자의 유무가 성을 결정한다고 알려져 있다.

또한 조류는 수컷은 ZZ형, 암컷이 ZW형의 성염색체를 가지고 있어 포유류와 반대 패턴이라고 앞에서 설명했는데 조류의 경우 Z염색체상의 DMRT1 유전자가 수컷을 결정하며, 아직 명확히 밝혀지지 않았지만 W염색체상의 유전자가 암컷을 결정한다(또는 수컷이 되는 것을 막는다)고 본다. 조류도 거의 모든 종에서 ZZ/ZW형의 성염색체가 보존되어 있어 조류 내에서는 같은 GSD 구조를 취하고 있는 듯하다.

그러나 척추동물 중에서도 파충류와 양서류, 어류는 GSD가 아닌 환경 요인에 따라 성이 결정되는 환경성 성 결정(Environmental Sex Determination, 줄여서 ESD)이 혼재되어 있다고 알려져 있다.

예를 들어 파충류의 경우 줄무늬뱀이나 자라는 ZZ형, ZW형 성염색체를 가지며, 유전자의 실태가 밝혀지지 않았지만 GSD인 것으로 알려져 있다. 그러나 같은 파충류 중에서도 미시시피 악어나 붉은바다거북 등은 알을 부화할 때 온도로 성이 결정되어, 온도 환경에 따라 성이 결정되는 구조인 ESD라고 본다.

또한 어류도 앞서 언급한 흰동가리나 오키나와 베니하제처럼 몸 크기로 성이 결정되는 경우 다른 개체를 포함한 자신을 둘러싼 환경에 따라 성이 결정된다고, 즉 ESD라고 보지만, 송사리나 나일틸

라피아, 철갑상어 등 XX/XY형 또는 ZZ/ZW형의 성염색체를 가진 GSD 어류도 많다고 알려져 있다.

최근 광범위한 생물종에서 GSD 구조가 밝혀져 다양한 성 결정 유전자가 보고되고 있다. 한마디로 성 결정 유전자라 해도 종류나 기능은 똑같지 않다는 것이다.

또한 유전자는 대부분 단백질을 만드는데, 단백질을 만들지 않는 유전자가 성을 결정하기도 한다. 게다가 최근에는 유전자 그 자체가 아니라 유전자의 기능을 조절하는 '유전자 조절 영역'이라는 곳의 차이에 따라 성을 결정하는 사례도 밝혀졌다.

♂ 만남도 결정 요인에

ESD 또한 온도, 신체 크기 외에도 일조 시간, 무리 안 개체의 밀도 등 다양한 요인이 있다.

그중에서도 보넬리아(개불의 일종)는 매우 독특한 것으로 알려져 있다. 보넬리아는 지렁이나 갯지렁이, 거머리 같은 환형동물의 한 부류로 분류되며 해저나 산호초 틈새 등에 서식한다. 몸길이는 2cm 정도인데, 머리에서 몸길이의 2~3배 길이 정도 되는 두 갈래로 갈라진 T자 모양의 주둥이가 나와 구불구불 해저를 다니며 먹이를 찾는다. 사실 이렇게 눈에 보이는 개체는 모두 암컷이다.

수컷은 크기가 단 1mm 정도밖에 되지 않고 암컷의 인두 안에 기생한다. 수컷은 주둥이도 혈관도 없이 암컷에게 영양분을 받으며 살아가는 것이다. 그리고 몸 대부분이 정자를 보존하는 기관인 저장낭으로 되어 있다. 즉 수컷은 암컷에게 정자를 제공하기 위해 암컷의 신체 일부가 된 것이다.

보넬리아의 수정란이 유생이 되어 암컷과 만나 암컷의 주둥이에 정착하여 자라면 그 암컷에 기생하는 수컷이 된다. 암컷과 만나지 않고 자유롭게 부유한다면 몸집이 커져 암컷이 된다. 이처럼 보넬리아는 만남 같은 인생 경험(사람은 아니지만)으로 인해 성이 결정된다.

🔗 다양한 성의 본모습

원래 성이 어떤 것인지 여기서 정리하겠다. 그림 3-4를 보며 함께 정리해보자.

먼저 원래 생물은 성이 없는 '무성생식'을 했지만 진화 과정에서 '유성생식'이라는 생식 시스템을 획득했다. 현존하는 생물 중에 무성생식 또는 유성생식만 하는 것도 있지만, 평소에는 무성생식으로 개체를 늘리다가 환경 변화 등 어떠한 요인으로 유성생식을 하기도 하는 등 상황에 따라 무성과 유성 두 가지 구조를 구분하여 사용하는 생물도 존재한다. 그래서 그림에 무성생식과 유성생식의 원 일부가

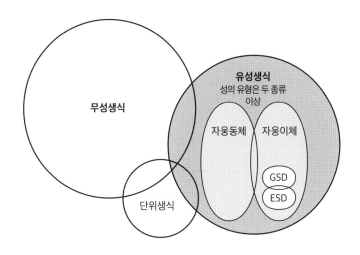

그림 3-4 다양한 성의 본모습
원의 크기는 각 그룹으로 분류된 종의 수를 나타내는 것은 아니다.

겹쳐 있다. 그리고 유성생식에는 성의 유형이 존재하는데 암컷과 수컷처럼 두 가지로 정해져 있지 않고 더 많은 유형이 존재하는 경우도 있다.

또한 수컷과 암컷의 기능을 하나의 개체 안에 갖추고 있는 자웅동체가 있는 반면, 수컷과 암컷으로 개체마다 성이 나누어진 자웅이체도 존재한다. 두 가지가 공존하는 생물도 있어서 자웅동체와 자웅이체의 원도 일부 겹쳐 있다.

자웅이체의 경우 개체마다 수컷이 될지 암컷이 될지 결정해야 하기 때문에 성을 결정하는 요인(스위치)이 필요한데, 성을 결정하는 요인이 유전자인 경우와 환경에 의존하는 경우가 있다. 앞서 언급했듯이 전자를 GSD, 후자를 ESD라고 한다.

사실 어떤 환경일 때는 환경 요인에 의해 성이 결정되지만 그렇지 않은 환경에서는 유전적으로 성이 결정되는 생물도 있어서 GSD와 ESD의 원도 일부 겹친다.

다이어그램으로 표현하기 어려워서 그림 안에 자세히 쓰지는 않았지만, GSD와 ESD도 한번 결정된 성이 평생 그대로인 것이 아니라 변화할 수 있다는 것도 중요한 포인트다. 즉 성은 다양할 뿐만 아니라 동적이라는 것이다.

♂ 암컷으로만 자손을 남기는 최종 수단

그림 3-4에는 지금까지 설명하지 않았던 '단위생식'이라는 또 하나의 원이 그려져 있다. 단위생식이란 원래 암수로 유성생식을 하는 생물종이 암컷으로만 자손을 남기는 생식 시스템을 말한다. 무성생식, 유성생식에 이은 세 번째 생식 시스템으로 여러 생물에서 일어나는 현상으로 알려져 있다.

코모도왕도마뱀은 세상에서 가장 큰 파충류로 알려져 있는데 전체 몸길이는 최대 약 3m, 무게는 최대 160kg이 넘는다. 거대한 크기

제3장 _____ 애초에 성이란 무엇일까?

때문에 대형 포유류도 공격한다고 알려져 있는데, 이빨 사이에 있는 관에서 혈액 응고를 방해하는 독을 분비하기 때문에 코모도왕도마뱀에게 물린 사냥감은 출혈에 의한 쇼크 상태가 된다. 이렇게 상당히 무서운 이미지인 코모도왕도마뱀은 단위생식을 하는 동물로도 유명하다.

야생 코모도왕도마뱀은 그 수가 점점 줄어들어 인도네시아 일부 섬에서만 서식하고 있지만 세계의 몇몇 동물원에서 사육되고 있다. 매우 희귀한 동물이라 한 마리만 사육하는 경우도 많다. 영국의 체스터 동물원에서 사육하는 '플로라'라는 암컷 코모도왕도마뱀은 한 번도 수컷과 접촉한 적이 없었다. 그런데 플로라가 갑자기 알을 낳아 2006년에 세계적인 뉴스가 되었다. 일부 알은 부화하기 전에 죽어서 배아의 DNA를 조사해본 결과, 알의 부모는 플로라뿐이었다. 즉 플로라는 단위생식으로 알을 낳은 것이다. 이 케이스뿐만 아니라 같은 영국의 런던 동물원에서, 그리고 2020년에는 미국 테네시주의 채터누가 동물원에서 암컷 코모도왕도마뱀이 수컷과 접촉 없이 알을 낳았다고 보고되었다.

왜 암컷만 자손을 남기는 것일까?

원래 주로 유성생식을 하는 생물은 생식 상대를 만나지 못할 경우 최종 수단으로 이 방법을 사용한다고 보고 있다. 원래 수컷이 생산하는 정자와 암컷의 난자가 수정되지만 어떠한 이유로 수컷을 만나지 못하면 암컷의 난자만으로 새끼를 남기는 것이다.

다만 태어난 새끼는 어미인 암컷과 완전히 똑같은 복제본이 되는 것은 아니다. 제2장에서 설명한 것처럼 난자가 만들어질 때도 감수 분열이 일어나 유전자의 재조합이 생긴다. 즉 난자가 되는 시점에서 유전자 조합이 어미와 다르기 때문에 무성생식처럼 부모의 복제본이 되는 것은 아니다. 그래서 대부분의 단위생식은 유성생식에서 파생된 하나의 형태로 본다.

♂ 유성과 무성 사이

일본의 동물원에서도 도마뱀 등 파충류가 암컷만으로 알을 낳은 사례가 있었다. 또한 파충류뿐만 아니라 척추동물 중 조류와 어류 등에서도 그런 사례가 보고되었다.

미국 샌디에이고 동물원에서 사육되고 있는 캘리포니아콘도르는 수컷과 함께 있는데도 불구하고 단위생식으로 알을 낳았다[12]. 이 경우 수컷과 번식이 가능했으니 상대를 만나지 못함에 따른 최종 수단이라고 할 수 없다. 왜, 어떻게 단위생식으로 전환했는지 자세히 알 수는 없다.

무척추동물에서는 폭넓은 생물종에서 단위생식이 일어나는데 대부분 상황에 맞게 유성생식과 단위생식을 구분하여 사용한다. 앞서 언급한 것처럼 감수분열이 일어난 난자에서 새끼가 발생하는 경우는 유성생식의 하나로 볼 수 있다. 그러나 생물종에 따라 감수분열이 일어나지 않은 난자에서 새끼가 생기는 경우가 있는데, 유전자 재조합이 일어나지 않으니 모체와 완전히 똑같은 유전 정보를 가진 복제본이 만들어진다. 즉 무성생식과 같은 현상이 되는 것이다. 그림 3-4에서 단위생식의 원이 유성생식뿐만 아니라 무성생식과도 겹쳐 있는 것은 이 때문이다.

🔗 포유류는 암컷으로만 아이를 낳을 수 없다

2021년 2월, 나가사키현 사세보시에 있는 구주쿠섬 동식물원에서 암컷 한 마리만 있는 흰손긴팔원숭이인 모모가 갑자기 출산했다는 뉴스가 보도되었다. (당연히) 수컷과 교미할 수 없는 사육 환경인데 아빠는 누구이며 어떻게 교미했는지 큰 화제가 되었다. 그에 대한 답은 미스터리한 출산 후 2년이 지나서야 찾을 수 있었다. 새끼 원숭이가 자라길 기다렸다가 DNA를 감정한 결과, 아빠는 검은손긴팔원숭이인 이토인 것으로 밝혀졌다. 당시 모모와 이토의 접점은 칸막이로 설치한 금속판에 뚫려 있던 지름 약 9mm의 구멍밖에 없다는 놀라운 가설이 보도되었다.

이렇게 수수께끼는 풀렸지만 모모의 미스터리한 출산이 화제가 되었을 때 단위생식이 아닐까 하는 의견이 간간이 있었다. 그러나 유감스럽게도 현재의 생명과학 지식에서 포유류는 단위생식을 할 수 없다고 보고 있다.

포유류가 가진 일부 유전자는 어느 부모로부터 온 것인지에 따라 기능이 달라진다고 알려져 있다. 보통 유전자는 아버지에게 받은 것과 어머니에게 받은 것이 합쳐진 두 가지 복제본이 있지만 어떤 유전자는 반드시 아버지에게 받은 복제본만 작용하게 되어 있다. 또 어떤 유전자는 반대로 어머니에게 받은 복제본만 작용한다. 이런 유전자는 어느 부모에게서 온 것인지 '기억'이 각인되어 있다는 의미에서 '게놈 임프린팅 유전자'라고 불린다.

포유류의 난자를 이용하여 억지로 단위생식을 하려 해도 정자(아버지) 유래가 아니면 작용하지 않는 유전자는 기능할 수 없다. 즉 포유류는 양쪽 부모에서 유래한 유전자가 반드시 필요하기 때문에 단위생식이 불가능하다.

단위생식이 가능한 생물은 임프린팅 유전자를 가지고 있지 않다. 임프린팅 유전자는 포유류만 가지고 있다고 보고 있으며 포유류의 가장 큰 특징인 '태생', 즉 어미의 배 속에서 새끼를 기르는 구조를 갖춘 것과 관련이 있다고 여겨진다.

암컷으로만 자손을 남기는 단위생식이라는 최종 수단이 없는 포유류. 만약 앞으로 Y염색체가 사라져 수컷이 태어나지 않으면 암컷으로만은 자손을 남길 수 없다. 그러면 우리 인류는 멸망하는 것이 아닐까?

제2장에서 이야기한 불온한 가설이 흘러나오는 이유가 바로 이 단위생식과 관련되어 있다.

제4장

새로운
성의 개념

과학적으로 나타나는
'베리에이션'

지금까지의 이야기를 통해 원래 '성'이란 얼마나 유연하고 다양한지 알 수 있었을 것이다. 그러나 여전히 많은 사람들이 갖고 있는 '성'의 이미지는 '암수'나 '남녀'가 대부분이다. 이 장에서는 인간의 성에 대한 화제를 중심으로 '남성'인가 '여성'인가라는 이원론적 고정관념에서 벗어나 우리의 성이 가진 다양성에 대해 이야기해보자.

𝄐 바이너리―'남자인가, 여자인가'라는 개념

기존의 '성'에 대한 이미지나 사고방식을 '바이너리(binary)'라고 한다. 바이너리란 두 가지 요소로 구성된 것을 가리키는 용어인데, 이 진법이라는 의미도 있어 IT 용어로는 데이터가 '0'과 '1'로 표현되는 데이터 형식 등을 가리킨다.

인간의 성에서 '바이너리'는 성별을 남성이나 여성, 두 가지 선택으로만 분류하는 사고방식을 의미한다. 나는 많은 사람들이 '바이너리'라는 사고방식에 갇혀 있다는 인상을 받는다.

'바이너리' 상태를 그림으로 살펴보자. 그림 4-1을 보면 맨 왼쪽에 여성이, 마주하는 반대편 즉 맨 오른쪽에 남성이 위치한다. 양쪽 끝에 위치한 남녀를 전형적인 남녀라고 하자.

앞서 언급했듯이 생물학적으로 전형적인 남성다움이나 여성다움은 염색체, 유전자, 호르몬, 생식 기관 등 신체적인 특징으로 결정된다. 다시 말하면 전형적인 남성의 특징이라면 XY염색체로 SRY 염색체를 가지고 남성 호르몬을 다량 분비하며 정소 등의 생식 기관에서 정자를 만든다는 것 등을 말한다. 반면 전형적인 여성의 특징은 XX염색체로 SRY 유전자를 갖지 않으며 여성 호르몬을 다량 분비하고 난소 등 생식 기관에서 난자를 만든다는 것 등이다.

이러한 특징으로 표현되는 생물학적인 성을 영어로 'Sex(섹스)'라고 한다. 그러나 우리의 성에는 조금 더 사회와 연관되어 관계된 특징을 나타내는 'Gender(젠더)'라는 표현도 있다. 젠더를 형성하는 특징은 자신을 어떤 성으로 인식하는지를 뜻하는 '성적 자기 인식'과, 연애나 성적 관심이 어떤 성에게 향하는지 아닌지를 뜻하는 '성적 지향' 등이 있으며 뇌의 상태와 관련이 있다고 알려져 있다. 즉 젠더의 전형적인 예시를 들면, 생물학적인 신체의 성과 자각한 성이 일치하고 자각한 성과 다른 성에 연애 감정이나 성적 관심이 있는 것이다.

생물학적으로나 사회적인 성의 관점에서 모든 인간이 이러한 전형적인 남성이나 여성에 해당하는가 하면 꼭 그렇지만은 않다. 사람에 따라 성의 본모습은 천차만별이고 너무나 큰 차이가 있으며 그 차이 또한 복잡하기 때문에 포괄적으로 설명하기 매우 어렵다. 그래서 지금부터 생물학자의 관점에서 주제를 나누어 이야기하려고 한다.

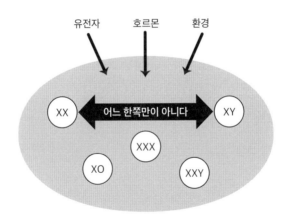

그림 4-1 성염색체의 베리에이션
인간의 성은 성염색체 외에 유전자, 호르몬, 환경에 따라 여러 가지로 변형된다. 그림에서 표시한 성염색체의 베리에이션은 일부일 뿐이다.

♂ 성염색체의 베리에이션

먼저 성염색체의 다양성에 대해 이야기해보자. 제1장 그림 1-1에서 보듯이 인간의 염색체는 44개의 상염색체와 XX 또는 XY인 2개의 성염색체가 합쳐져 46개로 구성되어 있다. 그러나 모든 사람이 반드시 46개라고 할 수는 없고 염색체 개수가 46개보다 많거나 적은 사람도 있다.

상염색체의 개수에 변화가 생기면 대부분은 수정란이나 배아 발생 초기 단계에서 죽게 된다. 그래서 상염색체에서 비롯된 개수의 베리에이션은 그다지 많이 알려지지 않았다. 반면 성염색체와 관련해서는 그 변화에 베리에이션이 있다고 알려져 있다.

예를 들어 3개의 X염색체를 가진 XXX는 1,000명 중에 1명꼴로 생긴다고 한다. Y염색체가 없으니 여성이 되는데 XX인 여성과 큰 차이 없이 임신과 출산도 가능하여, 염색체 검사를 받지 않는 이상 자신이 XXX인지 모르는 경우가 대부분이다. 즉 실제로는 사회에 더 많은 XXX 여성이 있을지도 모른다.

또한 X염색체 2개와 Y염색체 1개를 가진 XXY도 있다고 알려져 있다. 임상의학적으로 클라인펠터 증후군이라고 부르는데, 문헌에 따라 다르지만 대략 500명에서 1,000명 중에 1명꼴로 태어난다고 알려져 있어 염색체 개수의 변형 중에서 많이 볼 수 있는 경우다.

상태는 다양하지만, 대부분 외모나 건강에 문제가 없어 진단받지

제4장 _____ 새로운 성의 개념 _____

않고 평범하게 사회생활을 하는 사람도 많다. 정자 수가 적거나 생성되지 않는 경우가 많아서 성인이 된 후 남성 불임 검사를 받고 처음으로 XXY라고 판명되는 경우도 적지 않다. 또한 예전에는 XXY 남성은 완전한 불임이라 아이를 갖는 것이 불가능하다고 여겨졌던 시기가 있었다. 그러나 현재는 수가 적더라도 정자가 보이는 경우는 생식 보조 의료 기술에 의해 아이를 가질 수 있다고 한다.

염색체 수가 적은 베리에이션으로는 X염색체가 1개뿐인 XO 또는 2개인 X염색체 중 한쪽에 부분적으로 결실이 있는 경우 등이 있다. 임상의학적으로 터너 증후군이라고 하는데 Y염색체가 없으니 여성이 된다.

저신장이나 2차 성징 지연 등의 특징이 알려져 있는데 다양한 증상이 있다. 또한 당사자 가운데 많은 사람들은 적절한 의학적 도움을 받아 건강하게 사회생활을 하고 있으니, 질병이나 장애가 아니라 여성의 한 유형으로 받아들이기를 권장하고 있다.

지금까지 소개한 성염색체의 베리에이션은 오래전부터 의학, 유전학 교과서 등에서도 설명했었다. 그리고 예전에는 '염색체 이상', '질환'이라는 이미지가 강해 XX와 XY인 정상인과 개수가 다른 소수자라고 바이너리적인 시각으로 바라보았다.

그러나 앞서 이야기한 것처럼 개수의 베리에이션에 따른 신체나 건강에 미치는 영향은 사람마다 다르다. 또한 개인에 따라 신체의 모든 세포가 같은 성염색체의 패턴을 보이는 것은 아니다. 예를 들어 XXY와 XY 세포를 다 가지고 있거나 XO와 XX 세포를 다 가지는 등 모자이크 현상이 나타나는 경우도 있다고 알려져 있다. 즉 세포의 상태도 사람에 따라 다양하다는 것이다.

그리고 자신이 베리에이션임을 모르고 건강하게 생활하는 사람도 있다. 즉 문헌 등으로 보고된 것보다 더 많은 사람에게 베리에이션이 있을 테니, 특별한 존재가 아닌 남성이나 여성의 한 가지 유형이라고 보는 것이 적절하지 않을까.

♂ 애초에 X염색체는 한 개만 사용한다

상염색체에 비해 성염색체는 개수의 베리에이션이 많다고 앞에서 설명했다. 이것은 포유류가 독자적으로 획득한 성염색체 구조와 관계되어 있다.

여성은 X염색체가 두 개지만 남성은 한 개뿐이라, 남성과 여성은 X염색체상 유전자 수에 차이가 생긴다. 지금까지 이야기한 것처럼 남성은 Y염색체가 있지만 유전자의 수는 X염색체보다 훨씬 적고 유전자의 종류도 X염색체와 다르다. 그래서 X염색체에만 주목하면 XY인 남성에 비해 XX인 여성은 X염색체의 유전자가 두 배 더 있는 셈이다. X염색체상에는 900개 정도의 유전자가 있다고 예측하는데, XY인 남성이 900개가 있는 반면 XX인 여성은 1,800개가 있다는 계산이 나온다.

　사실 유전자 안에서는 그 수가 늘었다가 줄기도 하고 제대로 기능하지 못하는 것도 있어 유전자의 수가 변화된 세포가 죽는 경우도 생긴다. X염색체에는 성과 관련된 유전자도 있지만 남녀 상관없이 세포의 유지나 다양한 생명 기능 조절에 작용하는 유전자도 많아서 남녀 사이에 수가 다르면 오히려 해가 된다. 그래서 포유류의 경우 이 문제를 해결하기 위해 X염색체가 두 개인 경우 그중 하나는 기능하지 않게 된다. 이것을 'X염색체 불활성화'라고 한다. 한 개의 X염색체 구조를 변화시켜 그 X염색체상의 유전자가 기능하지 않도록 하는 것이다.

　X염색체 불활성화는 세포 속 X염색체 개수를 파악하여 반드시 X염색체 한 개만 남기고 다른 X염색체는 모두 불활성화시키는 구조로 되어 있다. 즉 XXX라면 두 개의 X염색체가 불활성화되고 XXY라면 Y염색체 유무와 상관없이 X염색체 한 개가 불활성화된다. 이처럼 포유류의 세포에는 X염색체상의 유전자 양을 유지하는 구조가 갖추어져 있어서 성염색체 수에 베리에이션이 생겨도 문제가 일어나지 않도록 되어 있다. 다만 일부 유전자는 불활성화의 영향을 받지 않는다고 알려져, 이러한 유전자는 X염색체 수가 증가하면 유전자 양도 늘어난다.

♂ 대부분의 X염색체 유전자는 뇌에 작용한다

X염색체 불활성화는 여성에게 큰 영향을 미친다고 알려져 있다. XY인 남성의 경우 아버지로부터 Y염색체를, 어머니로부터 X염색체를 물려받기 때문에 X염색체상의 유전자는 모두 어머니에게 받아 작용한다.

반면 XX인 여성은 아버지와 어머니로부터 X염색체를 하나씩 받지만 어느 쪽의 X염색체를 불활성화시킬지는 기본적으로 무작위로 결정된다. 성인의 신체는 대략 37조 개의 세포로 이루어져 있는데 XX인 여성의 경우 아버지로부터 받은 X염색체의 유전자가 작용하는 세포와, 어머니로부터 받은 X염색체의 유전자가 작용하는 세포, 이렇게 두 종류가 섞여 있는 모자이크 상태가 된다.

이 모자이크 상태가 여성에게 큰 영향을 준다. 특히 X염색체는 모든 염색체 중에서도 뇌세포(뉴런 등)에 작용하는 유전자가 가장 많다고 알려져 있다. 남성의 경우, 어머니로부터 X염색체를 물려받기 때문에 뇌세포에 작용하는 X염색체의 유전자는 어머니에게서 유래된 것들뿐이다. 그러나 여성의 경우, 뇌세포가 아버지와 어머니로부터 받은 X염색체의 유전자가 섞여 있는 모자이크 상태가 된다. 이러한 모자이크 상태는 여성의 사고나 행동, 사회성 등에 다양성을 불어넣어 창조성이나 이노베이션으로 이어진다고 보고 있다.

여기서 주의해야 할 점은 XX인 여성뿐만 아니라 XXY인 남성도 이러한 다양성의 혜택을 받기도 한다는 것이다. XXY인 남성의 X염색체가 두 개 모두 어머니에게서 온 것이라면 XY인 남성과 같은 상황이지만, 아버지와 어머니의 X염색체를 한 개씩 가졌다면 XX인 여성처럼 모자이크 상태가 된다.

♂ 유전자에 따른 성의 베리에이션

제1장에서 염색체는 XX지만 남성 표현형을 가진 4명의 성염색체를 조사한 연구에서 SRY 유전자가 발견되었다고 이야기했었다. 이들은 Y염색체의 일부가 X염색체로 이동(전좌)하여 그 안에 SRY 유전자가 포함되면서, 성염색체는 XX지만 SRY 유전자가 작용하여 정소가 만들어져 남성이 되는 것이다. 또한 어떠한 원인 때문에 SRY 유전자가 작용하지 않으면 성염색체가 XY더라도 성 결정 스위치가 켜지지 않아 정소가 만들어지지 않고 여성 표현형이 되는 경우도 있다. 이처럼 유전자가 어떻게 작용하는가에 따라서도 성의 베리에이션이 발생한다.

SRY 유전자는 성 결정 스위치를 켜는, 말하자면 가장 위에 있는 유전자인데 SRY 유전자 아래쪽에는 두 번째로 작용하는 유전자, 세 번째로 작용하는 유전자와 같은 식으로 수많은 유전자가 작용하여 정소가 생긴다. 또한 난소를 만들기 위해 일하는 유전자도 다수 존재한다. 이러한 유전자 중에서도 기능이 추가되거나 저하되어 성에 베리에이션을 일으키는 경우가 있다. 그리고 원인이 되는 유전자가 밝혀진 경우도 있지만 그렇지 않은 경우도 많다.

　XY인 여성이나 XX인 남성은 건강에 문제가 생기기도 하는데 이러한 사람들은 성 발달 장애라는 질환명이 붙고 일부는 의학적 치료의 대상이 된다. 앞의 '성염색체의 베리에이션' 파트에서도 언급했듯이 성 발달 장애 역시 이전에는 일부 사례의 소수자라고 여겼다. 그러나 치료를 받지 않으면 그 수를 파악할 수 없고 본인도 알지 못하는 사례가 알려지면서 실제로는 더 많은 사람들이 있을 것이라고 보고 있다. 또한 여기서는 원인이 다양하고 사람에 따라 상태가 다르다는 점을 이해해야 한다.

♂ 호르몬에 따른 성의 베리에이션

호르몬 역시 우리의 성에 베리에이션을 일으키는 요인 중 하나다. 다만 여기서 주의해야 할 점은 기본적으로 유전자가 호르몬의 합성이나 분비를 담당하기 때문에 결국 파고들면 유전자의 베리에이션이라고도 할 수 있다. 게다가 유전자는 염색체상에 있으니 염색체에 따른 베리에이션이라고 할 수 있는 경우도 생긴다. 이들이 우리 몸 안에서 운동하고 기능하고 있기 때문에 염색체인지 유전자인지 호르몬인지 명확하게 구별하기 어려울 때가 종종 있다.

남성 호르몬(안드로겐)이 원인인 변형 중 하나로 안드로겐 불감성 증후군이 있다. 제1장에서 호르몬은 분비되는 것뿐만 아니라 흡수되는 것도 중요하며 호르몬을 받아 그 정보를 세포에 전달하는 호르몬 수용체가 중요하다고 설명했다(제1장 '받아들이는 것도 중요하다' 참조). 그리고 남성 호르몬 수용체가 제대로 기능하지 못하는 주요 원인인 안드로겐 불감성 증후군에 대해 설명했지만 여기서 다시 소개하겠다.

안드로겐 불감성 증후군도 사람마다 정도나 상태가 다양하지만 대부분 성염색체는 XY이고 SRY 유전자도 존재한다. 그래서 SRY 유전자에 의해 성 결정 스위치가 켜지면 정소가 발생하고 정소에서 남성 호르몬이 분비된다. 그러나 남성 호르몬을 받는 수용체가 제대로 기능하지 않아서 남성 호르몬의 효과가 발현되지 않아 남성의 특징이 생성되기 어려워진다. 그리고 아주 적은 양이지만 분비된 여성 호르몬이 여성 호르몬 수용체에 결합하여 여성의 특징이 생성된다. 결국 Y염색체와 SRY 유전자가 있지만 정소 이외의 생식 기관은 여성처럼 발달하게 된다.

또한 부신의 호르몬 분비로 일어나는 성의 베리에이션도 있다. 부신은 콩팥 위쪽에 있는 작은 기관인데 남성 호르몬과 함께 미네랄코르티코이드, 글루코코르티코이드(당질코르티코이드)라는 호르몬을 분비하는 중요한 기관이다. 부신에서는 다양한 효소가 작용하여 호르몬이 생성되는데 효소의 기능이 약하면 호르몬이 충분히 만들어지지 않는다. 어떤 효소의 기능이 약한지에 따라 6가지 질환으로 분류되는데 일본인은 질환자의 90% 이상이 21-수산화효소 결핍증이라고 알려져 있다.

호르몬의 기본 물질은 콜레스테롤인데, 21-수산화효소는 콜레스테롤에서 미네랄코르티코이드와 글루코코르티코이드를 만드는 과정의 중간을 담당한다. 남성 호르몬은 대부분 정소에서 만들어지지만 21-수산화효소는 다른 효소의 작용에 따라 부신에서도 소량의 남성 호르몬을 만든다. 그래서 21-수산화효소가 기능하지 못하면 콜레스테롤이 코르티코이드로 변환되지 못하고 전부 남성 호르몬을 생성하는 데 쓰이게 되어 남성 호르몬이 과잉 생성 및 분비되는 것이다.

코르티코이드는 당이나 단백질, 지방질 등의 대사나 신경계, 순환기계, 소화기계, 내분비계 제어, 면역·염증 억제 등 다수의 생리 작용에 관여하여 남녀 모두에게 중요한 기능을 하는 호르몬이다. 사람마다 정도는 다르지만 두 종류의 코르티코이드가 부족하면 성별에 관계없이 부신 기능 부전이나 순환 기능 상실 등과 같은 심각한 증상을 초래하기도 한다. 그래서 여성인 경우 부신에서 남성 호르몬이 과잉 분비되어 신체가 남성화된다.

♂ 오랫동안 사용된 부적절한 말

아주 오래전에는 생물학적인 성에 베리에이션이 있는 경우 '양성구유'나 '반음양'이라는 표현을 썼다. 생식 기관 등의 특징이 전형적인 상태가 아니라 남성 또는 여성의 특징이 부분적으로 보이기 때문에 이러한 표현을 사용했지만, 사실 이는 적절한 표현이 아니다. 또한 남성과 여성의 특징이 모두 보여서 '양성' 또는 '중성'이라고 표현하거나 인식했지만 이 또한 적합하지 않다.

이러한 표현들이 적절하지 않은 이유 중 하나는 오래전부터 모멸적인 의미가 내포되어 많은 오해와 편견을 낳고 당사자와 가족들에게 깊은 상처가 되며 서로에 대한 이해로 이어지지 않기 때문이다.

게다가 이러한 말들은 실제 상태를 적확하게 표현한 용어가 아니다. 여러 번 반복해서 언급하고 있지만 성의 베리에이션은 사람마다 다르고 신체의 성적 특징과 성적 자기 인식은 별도로 생각할 필요가 있다.

다음에 이야기할 젠더에 대해서, 자신이 남성인지 여성인지 외에도 '어느 쪽으로도 인식하고 있지 않다'라거나 '모르겠다' 또는 '정하고 싶지 않다' 등의 베리에이션이 있다고 알려져 있다. 그러나 신체에 남성과 여성의 특징을 모두 가지고 있더라도 자신을 남성 또는 여성이라고 인식하는 경우도 많으니 편견이나 선입견 없이 각자의 본모습을 이해하는 것이 중요하다.

∂ SOGIESC

생물학적인 성에 다양한 변형이 있다는 사실을 알게 되었을 텐데, 사회적 성인 젠더 또한 여러 가지 베리에이션이 있다.

젠더를 형성하는 특징으로 성적 지향이나 성적 자기 인식 등이 있다고 했는데 최근에는 여러 가지 특징을 모아 'SOGIE(소지)'라고 표현한다. 소지는 다음 세 가지 특징을 합친 것이다.

[1] 성적 지향

Sexual Orientation, 줄여서 SO. 연애나 성적 관심이 어느 성을 향하는가, 아닌가.

[2] 성적 자기 인식

Gender Identity, 줄여서 GI. 자신의 성을 무엇으로 자각하는가.

[3] 성 표현

Gender Expression, 줄여서 E. 자신의 성을 어떻게 표현하는가. 의상이나 말투, 행동 등.

위 세 가지 특징에 앞서 설명한 생물학적 성인 신체의 성(Sex Characteristics, 줄여서 SC. 생물학적인 신체의 성 등)을 합쳐서

'SOGIESC(소지에스크)'라고 부른다. 인간은 생물의 한 종류이지만 사회성이 있다. 생물학적 성과 사회학적 성을 합친 소지에스크는 인간 성의 본모습을 알기 위해 중요한 요소이며, 모든 사람들이 똑같지 않고 다양하다는 사실을 이해하는 것이 매우 중요하다.

또한 소지에스크는 인간의 '성'을 속성, 즉 남자와 여자, 이성애자와 동성애자와 같은 바이너리적 구분법에 따라 분류하는 것이 아니라 모든 인간에게 공통인 '성'을 포괄적으로 인식하는 새로운 개념 용어다.

다만 생물학적인 성의 베리에이션 중 일부는 염색체나 유전자, 호르몬 등 과학적으로 설명할 수 있지만 젠더가 다양한 요인을 과학적으로 설명하기 어려운 것이 사실이다. 왜냐하면 젠더에 다양성이 생기는 과학적 또는 의학적 근거를 명확하게 보여주는 연구가 거의 없고 아직 연구가 진행 중인 단계이기 때문이다.

예를 들어 내가 예전에 받았던 질문 중에 가장 많았던 것은 '젠더의 다양성은 유전적인 것인가? 아니면 환경 등 다른 요인 때문인가?'였다. 이에 대한 대답에 가까워지도록 다양한 연구가 이루어지고 있지만 명확하게 '이것이다!'라고 선보일 수 있는, 단순한 영역은 아닌 듯하다.

♂ 게이 유전자의 수수께끼

지금으로부터 30년 정도 전인 1993년, 국제적으로 저명한 과학 잡지인 「사이언스」에 오랜 논쟁을 불러일으킨 논문 하나가 공개되었다[1]. 미국 국립암연구소의 딘 해머 박사와 그의 연구팀은 남성 동성애자(게이)와 그들의 가족, 친척을 대상으로 총 114명의 가계에 대해 유전자 표지 분석을 실시했다.

유전자 표지는 어떤 성질을 지닌 개체의 특정 DNA 배열을 말한다. 유전자 그 자체는 아니지만 어떤 성질과 관계된 유전자 표지가 발견되면 표지가 되는 배열 근처에 해당 성질을 갖게 하는 원인이 되는 유전자가 존재한다고 보고 유전자의 마커(표식)로서 유전학적 연구에 이용되고 있다.

해머 박사는 남성 동성애자 특유의 유전자 지표가 X염색체 말단에 존재함을 발견하여 아마 남성 동성애의 원인이 되는 유전자는 X염색체에 존재할 것이라고 보고했다. 이 논문은 큰 반향을 불러일으켰고, 결과를 지지하는 논문 또는 이의를 제기하는 논문 등이 연달아 발표되면서 상당한 논쟁이 되었다. 사람의 행동이나 지향에 작용하는 유전자에 대한 연구는 매우 어렵고 특히 젠더와 관련된 유전자에 대한 보고는 거의 없었으니 많은 연구자들의 관심을 모았다.

성적 지향에 관한 질문 중에 '동성애자는 아이를 갖지 않을 텐데, 만약 동성애가 유전이라면 왜 동성애자는 사라지지 않을까?'라는 의문이 있다. 이에 대한 대답은 매우 섬세해야 한다. 왜냐하면 동성애자라 하더라도 이성과 성적 관계를 가질 수도 있고, 동성애자임을 숨기고 이성의 파트너와 아이를 가질 수도 있기 때문이다. 사람마다 여러 가지 사정이 있고 사회적 또는 문화적인 영향도 커서 쉽게 대답할 수 없다.

그러나 원인이 되는 유전자가 X염색체에 있다면 유전학상으로는 논리적으로 대답할 수 있다. 멘델의 유전 법칙을 알고 있는가? 그레고어 요한 멘델은 오스트리아의 생물학자로, 현재 유전학 연구의 기초가 되는 유전과 관련된 법칙을 발견했다. 멘델은 같은 유전자라도 형질이 쉽게 나타나는 타입과 그렇지 않은 타입이 있다는 사실을 발견했고, 전자를 '우성(현성) 유전자', 후자를 '열성(잠성) 유전자'라고 불렀다.

남성 동성애의 원인이 되는 유전자가 열성 유전자로 X염색체에 있다고 가정해보자. 여성은 X염색체가 두 개 있지만 이 유전자를 가진 X염색체가 한쪽에만 있는 경우 성질이 드러나지 않는다. 그러나 남성은 X염색체가 한 개뿐이니 이 유전자를 가진 X염색체가 있으면 형질로 나타난다. 남성 동성애의 원인이 되는 유전자를 가진 X염색체를 물려받은 가계가 있다면 동성애자인 남성이 아이를 갖지 않아도 해당 유전자가 있는 여성이 XY인 아들을 낳으면 이론상으로는 유전자가 계승된다. 즉 이 유전자는 여성에게서 다음 세대 남성에게 계승되기 때문에 사라지지 않는다고 유전학적으로 대답할 수 있다.

이 논문이 발표된 지 20년 정도 지난 2015년, 해머 박사 연구진의 결과를 강력하게 뒷받침하는 새로운 논문이 발표되었다[2]. 미국 노스웨스턴대학의 심리학자인 마이클 베일리 박사와 노스쇼어대학의 정신과 전문의인 앨런 샌더스 박사 연구팀은 게이 남성을 포함한 384명의 가계를 조사한 결과, 해머 박사가 발표한 X염색체 말단과 더불어 8번 염색체에서도 남성 동성애와 관련된 유전자 영역을 발견했다. 해머 박사의 선행 연구로부터 20년 이상이 지나 유전자 영역 분석 기술이 향상되었고 선행 연구보다 많은 가계를 분석 대상으로 삼았다는 점 등 때문에 게이 유전자가 존재한다는 주장이 한층 더 지지를 얻게 되었다.

다만 이 논문에서도 어디까지나 남성 동성애와 관련된 유전자가 존재할 법한 영역을 지목하는 것에 그쳤고 유전자 자체를 발견한 것은 아니었다.

♂ 방대한 게놈 해독으로 수수께끼에 다가가다

그리고 생물의 게놈 정보 분석 기술이 비약적으로 향상된 2019년, 해머 박사 등의 논문이 게재되었던 과학 잡지 「사이언스」에 약 50만 명의 게놈 정보를 분석한 연구 보고가 실렸다[3]. 메사추세츠공과대학과 하버드대학이 공동으로 설립한 브로드 연구소를 비롯한 연구진은 게이로 한정짓지 않고 동성을 파트너로 하는(했던) 사람을 대상으로 전장 유전체 연관 분석(Genome Wide Association Study, 줄여서 GWAS)을 실시했다. 이것은 인간의 전체 게놈 정보(모든 DNA 배열)를 해독하여 특정 성질과 연관된 유전자 영역을 찾는 방법이다. 과거 유전자 표지를 이용한 방법은 탐색할 수 있는 영역에 한계가 있었지만 최근 게놈 해독 기술이 발전하여 전체 유전 정보를 포괄적으로 분석할 수 있게 되었다.

약 50만 명을 대상으로 분석한 결과 상염색체의 5개 영역이 동성애 행동과 관련이 있을 것으로 보였다. 5개 중 2개는 남성 동성애자에게만, 1개는 여성 동성애자에게만, 나머지 2개는 남성과 여성 모두와 관련된 경향이 나타난 영역이다. 그러나 이 5개 영역에는 선행 연구에서 보고된 X염색체나 8번 염색체는 포함되어 있지 않았다. 즉 30년이라는 세월에 걸쳐 해머 박사 등이 주장한 X염색체상 유전자의 존재는 부정된 것이다.

♂ 유전자의 영향은 크지 않다?

남성 동성애자에게만 보이는 영역 한쪽에는 냄새와 관련된 여러 후각 수용체 유전자가 포함되어 있었다. 이 유전자들은 특정 향기를 느끼고 반응하는 능력에 영향을 준다고 알려져 있어 성적 매력을 느끼는 방법에도 영향을 미치는 것이 아닐지 여겨지고 있다[4].

그리고 또 다른 한쪽 영역에는 성호르몬 조절과 관련된 유전자가 포함되어 있고, 성호르몬에 대한 수용성과의 관련도 보고되어[5] 이러한 호르몬 조절이 동성 간의 성 행동과도 관련되어 있다고 예측하고 있다.

이 연구에서 말하고자 하는 바는 성적 지향에 영향을 주는 유전자는 다수 존재하고 각각의 기능이 서로 영향을 주고받기 때문에 구조가 복잡하다는 것이다. 그리고 구체적인 유전자의 실태는 아직 밝혀지지 않았다. 또한 이 연구 보고의 분석에 따르면 성적 행동에 대한 유전자의 영향은 최대 25% 정도이며 대부분은 환경이나 문화적 요인에 의한 것이라고 고찰하고 있다.

즉 성적 지향에 영향을 미치는 유전자는 있을 수도 있지만 그 구조는 매우 복잡한 데다가 꼭 유전자의 영향만 있다고 설명할 수는 없는 것이다. 만약 어떤 사람을 대상으로 이번에 밝혀진 5가지 유전자 영역의 배열을 해독해도 그 사람의 성적 지향성을 예측하는 것은 불가능하다.

또한 이 연구 자체에도 문제점이 있다고 지적되고 있다. 50만 명에 이르는 방대한 인원을 대상으로 조사를 진행했지만, 분석에 사용된 게놈 정보는 영국 바이오뱅크와 미국의 개인 게놈 분석 기업에서 제공받은 것이라 분석 대상이 주로 유럽계 백인 고령자 데이터에 치우쳤다는 점이 우려된다.

♂ 성적 자기 인식은 호르몬일까, 유전자일까?

성적 자기 인식에 대한 베리에이션도 다양하다. 생물학적인 신체의 성과 내가 자각하는 성이 일치하지 않는 경우(트랜스젠더)나 자신의 성은 어느 쪽도 아니다, 모르겠다, 결정하고 싶지 않다 등(X젠더, 젠더 퀴어, 퀘스처닝 등)이 있다.

2017년에 캐나다 연구진이 보고한 논문에 따르면 출생할 때 부여된 성과 자신이 표현하는 성의 불일치에 따른 성별 위화감을 경험한 사람은 0.5~1.3%이며 세계적으로도 증가하는 추세라고 한다[6].

성적 자기 인식에 베리에이션을 초래하는 원인 중 하나로 출생 전, 즉 어머니 배 속에 있을 때 성호르몬의 영향이 있다고 보고 있다. 태아기의 성호르몬, 특히 남성 호르몬이 중요한 작용을 한다는 것은 제1장에서 설명했다. XY인 태아의 경우 SRY 유전자의 작용에 따라 태아의 신체에 정소가 만들어지고 남성 호르몬이 대량으로 분비되는 '호르몬 샤워'가 일어난다. 대량으로 분비된 남성 호르몬은 태아의 신체 구석구석까지 운반되어 나중에 남성형으로 발달하기 위한 다양한 세포, 조직, 기관을 갖추도록 하며 뇌의 발생에도 영향을 미친다. XX인 태아라면 기본적으로 정소가 만들어지지 않으니 호르몬 샤워의 작용을 받지 않는다.

출생 전 호르몬의 영향에 대해 조사한 연구 중에는 쌍둥이를 대상으로 한 연구가 유명하다. 남녀 쌍둥이의 경우, 태내에서 남자아이가 분비하는 남성 호르몬이 여자아이에게 전달되어 여아에게 남성의 특징이 쉽게 나타난다고 보는데 이를 '출생 전 호르몬 전이설' 이라고 부른다(그림 4-2). 이 설은, 가령 쥐 등 새끼를 여러 마리 임신하는 동물에서 자궁 내에 암컷인 태아에 둘러싸인 상태에서 자란 암컷보다 수컷인 태아에 둘러싸여 자란 암컷이 출생 후 수컷의 특징이 더 많이 보이는 경향이 있다는 연구 결과를 토대로 한다[7].

2020년에는 스코틀랜드의 에버딘에서 태어난 317쌍의 남녀 쌍둥이를 조사한 연구 결과가 발표되었다[8]. 이 연구에서 1979년 이전에 남녀 쌍둥이로 태어난 여성의 임신과 출산율을 여성 쌍둥이의 여성과 비교했으나 특별한 차이는 나타나지 않았다.

그 밖에도 제1장에서 언급한 태아기 남성 호르몬의 노출량과 관련된 손가락 비율이나 행동 패턴, 성적 지향 등 다양한 특징에 대해 쌍둥이의 여자아이를 대상으로 연구가 진행되고 있으나, 눈에 띄는 경향이 없거나 재현성이 없다는 부정적인 결과가 나오고 있다.

일본에서도 쌍둥이를 대상으로 한 출생 전 호르몬 전이설과 성적 자기 인식의 관계를 조사한 연구가 있다[9]. 이 연구에서는 무작위로 선정한 일본의 수도권에 사는 쌍둥이를 대상으로 성적 자기 인식 지표를 측정하는 설문 조사를 진행했다.

수집된 답변 가운데 남녀 쌍둥이로 태어난 여성 617명과 여아 쌍둥이로 태어난 여성 1,265명을 비교했으나, 별다른 차이가 보이지 않아 출생 전 호르몬 전이설과 성적 자기 인식의 관계는 발견되지

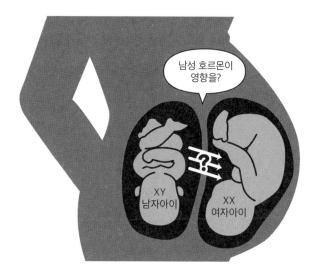

그림 4-2 출생 전 호르몬 전이설
태내에서 남자아이가 분비하는 남성 호르몬이 여자아이에게 전달되어 남성적인 특징이 나타나기 쉽다는 설이지만, 성적 자기 인식과의 관계를 부정하는 연구가 있다.

않았다.

성적 자기 인식과 유전자의 관계를 조사한 연구도 있고 쌍둥이를 대상으로 한 유전자에 대한 연구도 있다. 쌍둥이는 일란성과 이란성이 있는데 일란성은 한 개의 수정란이 어떠한 이유로 두 개로 나누어진 것이라 거의 동일한 유전 정보를 갖고 태어난다. 반면 이란성은 두 개의 수정란에 각기 다른 정자가 수정되어 유전적으로 비슷하지만 유전 정보가 완전히 똑같지는 않다.

일란성과 이란성 쌍둥이를 대상으로 한 몇 가지 조사를 통해 성적 정체성의 불일치가 유전될 확률을 추정하면 청년기의 출생 시 여성*1 중에서는 38~47%, 출생 시 남성*1 중에서는 25~43%, 성인기의 추정치는 각각 11~44%와 28~47% 범위라고 보고되었다[10].

　다만 쌍둥이를 대상으로 한 다른 연구에서는 유전적 요소가 확인되지 않는다는 보고도 있어 결과를 해석할 때 주의가 필요하다. 성적 지향을 다룬 연구를 소개할 때도 언급했지만 어떤 연구라도 분석 대상의 수가 적거나 제한이 있고 재현성이 없다는 등의 문제점이 공통으로 제기된다.

　또한 미국 조지아주 오거스타대학의 연구진은 성적 자기 인식에 베리에이션이 생기는 원인이 되는 뇌의 기능에 영향을 미치는 유전자를 찾기 위해 혈연 관계가 아닌 트랜스젠더 30명의 게놈 정보를 이용하여 전장엑솜분석(WES)을 실행했다[10]. 전장엑솜분석이란 유전자가 가진 염기서열 중 실제 단백질을 합성하는 영역만 농축하여 염기서열을 분석하는 방법이다. 제1장에서 설명한 것처럼 DNA 염기서열 중에서 유전자 염기서열은 단 1~2% 정도에 불과하기 때문에 단백질을 합성하는, 즉 유전자로서 기능하는 영역만 선별하여 분석하는 방법이라 효율적이다.

---

*1 출생 시에는 여성 또는 남성이라고 판단했으나 그 성에 위화감을 가진 사람

트랜스젠더가 아닌 88명의 분석 결과와 비교했을 때, 뇌의 성 분화에 작용하는 19가지 종류의 유전자에서 트랜스젠더인 사람 특유의 변이가 있다고 밝혀졌다. 인간 뇌의 성 분화나 발달에 대해서는 제대로 밝혀지지 않은 부분이 많지만, 적어도 설치류 모델 생물을 사용한 연구를 통해 이들 유전자가 성적으로 독특한 뇌의 발달 과정 어딘가에 관여하고 있다는 것을 추측할 수 있다.

그러나 이 연구 역시 분석 대상의 수가 적다는 문제가 있어, 이러한 연구를 통해 얻을 수 있는 내용은 잠정적인 것, 즉 아직 연구 중이며 결론을 내리기 어려운 단계라고 할 수밖에 없다.

♂ 과학적 이해가 진정한 이해로

사회적 성을 다룬 연구에 대해 이야기하고 있지만 베리에이션을 가진 사람들이 마치 연구 샘플처럼 느껴져서 불쾌한 사람도 있을 것이다. 하지만 나는 인간의 성에 대한 진정한 이해를 얻기 위해서는 과학적 이해가 꼭 필요하다고 생각한다.

이 책의 앞부분에서는 우리가 전형적인 성을 결정하는 과학적인 구조에 대해 설명했다. 이러한 내용은 많은 과학자들이 수많은 연구를 거듭하여 알아낸 것이다. 연구가 진행 중인 것도 있지만 사실 아직 모르는 것도 많이 남아 있다.

그리고 예전에는 전형적인 남성(수컷)다움, 여성(암컷)다움에 대해 연구했지만, 과학적인 이해가 진행되면서 전형적인 예만 있는 일이 아니고 베리에이션이 생기는 것이 생물로서 당연하고 자연스러운 일이라는 인식이 생겨 성에 대한 연구의 폭이 더욱 넓어진 것을 볼 수 있다. 모든 사람이 나답게 살기 위해 사회, 교육, 의료 등의 제도를 검토하고 내실을 다지는 것도 중요하지만 여기에 과학적 이해가 있다면 더욱 도움이 될 것이다.

나는 생물학자라서 여러 생물들의 다양한 성의 본모습을 소개하고 있다. '인간과 다른 생물을 예로 들어도 인간에게 적용할 수는 없을 것'이라고 생각하는 사람도 있을 것이다.

분명 지금까지 소개한 생물과 인간은 다른 생물종이다. 하지만 인간의 성에 대한 고전적인 개념은 성의 본모습 중 일부만 도려낸 너무나 고정적인 것인데 우리는 오랫동안 그 개념에 빠져 있었다. 여기서 다양한 생물의 성의 본모습을 알게 되면 우리의 성에 대해서도 유연하게 생각할 수 있을 것이다.

또한 생물은 진화하는 존재이며 인간 역시 예외가 아니다. 진화는 항상 현재진행형이라 현상에 머물러 있지 않는다.

이 장에서는 인간을 중심으로 이야기하고 있지만, 다양한 본모습(=진화 방법)을 통해 우리의 성도 변화하고 있다는 것을 이해하기 위해 이제부터 인간이 아닌 동물의 예를 소개하겠다.

♂ '수컷스러운' 암컷, '암컷스러운' 수컷

3년에 한 번, 하와이 코나 섬에서 성 결정 연구와 관련된 국제 학회가 개최된다. 이 학회가 시작된 초기에는 성 결정 연구자가 미국과 호주에 많았기 때문에, 이 두 나라의 중간에 위치하여 접근성이 좋다는 이유로 하와이에서 학회가 열리게 되었다. 그리고 코나 섬은 호놀룰루 같은 하와이 중심부보다 숙박비도 저렴해서 대학원생에게도 도움이 되었다.

일본에서도 접근성이 좋아 나중엔 일본인 연구자도 이 학회에 많이 참가하게 되었다. 회의장이 있는 호텔에 머물면서 세계의 성 결정 연구에 대한 최신 성과를 배울 수 있는 매우 호화로운 시간이다.

어느 해에 있었던 일이다. 국제 학회의 연구 발표에서 점박이하이에나의 행동 실험 영상이 소개되었다. 영상은 아주 작은 오두막 중앙에 쌓여 있는 짚 등이 담긴 마대를 비추고 있었다.

잠시 후 점박이하이에나 무리가 처음으로 오두막에 들어가는데, 먼저 들어온 것은 수컷 몇 마리였다. 쭈뼛거리며 조심스러운 발걸음으로 오두막에 들어온 수컷들은 신중하게 천천히 오두막 안을 이동했고 몇 번씩이나 킁킁거리며 마대의 냄새를 맡고 위험한 건 아닌지 경계하고 확인하는 모습을 보였다. 수컷들은 계속 확인했고 영상이 끝날 때까지 오두막을 나가지 않았다.

다음으로 암컷 몇 마리의 영상이 시작되었다. 오두막에 들어오는 모습부터 수컷과 완전히 달랐다. 기세 좋게 오두막으로 뛰어 들어온 암컷들은 순식간에 마대를 물어뜯어 쓰러뜨렸고 오두막을 뛰어다니며 마대를 해치우고 곧바로 나갔다.

영상이 끝나고 강연자가 "Two minutes(2분)"라고 한마디 덧붙이자 장내는 웃음바다가 되었다. 수컷들이 그토록 신중하게 행동하는 반면 암컷은 오두막에 들어오자마자 단 2분 만에 마대를 너덜너덜하게 만들고 나가버린 것이다.

점박이하이에나는 주로 아프리카 대륙에 서식하고 고도의 사회성을 가졌다고 알려져 있다. 하이에나 중에서 가장 큰데 암컷이 수컷보다 몸집이 크고 무리 중에서도 우위를 차지한다. 또한 영상 속 모습에서 알 수 있듯이 암컷이 수컷보다 공격적이다. 이른바 수컷과 암컷의 특징이 뒤바뀐 것이다.

게다가 심지어 점박이하이에나의 암컷은 페니스(음경)가 있다. 일반적으로 포유류에서는 수컷이 페니스가 있고 암컷은 클리토리스(음핵)가 있다. 이 둘은 발생학적으로 같은 기관이지만 수컷은 남성 호르몬의 작용에 의해 구조적으로 크게 팽창한다. 암컷 점박이하이에나의 페니스는 클리토리스가 비대해진 것이지만 페니스처럼 발기도 한다.

또한 암컷의 음순은 갈라지지 않고 봉합된 상태로 부풀어 있어서 수컷의 음낭과 똑같은 모양이다. 암수 점박이하이에나의 생식 기관 사진이 실린 논문을 본 적이 있는데 둘은 똑같이 생겼다[12].

왜 점박이하이에나는 이러한 특징이 나타날까?

가장 쉽게 생각할 수 있고 실제로 연구된 내용은 '암컷의 남성 호르몬 양이 수컷보다 많아서'라는 것이다. 그러나 암컷과 수컷의 남성 호르몬 양을 비교한 연구는 여럿 있지만 성장 단계나 시기에 따른 호르몬 양에도 큰 차이가 있고 결과의 해석이 매우 복잡하기 때문에 남성 호르몬이 원인이라고 단언할 수는 없다.

또한 임신 중인 암컷에게서 남성 호르몬이 많이 분비되어, 이것이 태아에게 작용하여 새끼 암컷의 생식 기관이 페니스처럼 발달하는 것이 아닐까 하는 설도 있다. 그러나 남성 호르몬의 작용만으로는 설명이 안 된다는 보고도 있어[13], 역시 남성 호르몬에만 의존하는 단순한 이야기는 아닌 듯하다.

한 가지 분명한 것은 이와 같은 암수의 모습이 점박이하이에나에게는 적응적이었다는 사실이다. 사실 암컷 점박이하이에나의 페니스는 질과 연결된 구조다. 그래서 난산이라고 알려져 있다. 출산할 때 어미와 새끼 모두 사망할 위험이 있어서, 아마 점박이하이에나 나름대로 이를 뛰어넘는 어드밴티지가 있는 암수의 모습으로 진화했을 것이다.

즉 수컷과 암컷은 고정된 것이 아니라 생물의 생태나 환경, 상황에 맞춰 유연하게 변하는(진화하는) 것임을 알 수 있다.

🦴 근육이 필요해!

더 '수컷스러운' 암컷이라고 알려진 포유류가 있다. 바로 두더지다. 앞서 이야기했듯이 포유류는 일반적으로 성염색체가 XY이면 정소가 있고 XX면 난소가 있다. 그러나 두더지과 중 적어도 8종은, XY인 수컷은 정소가 있지만 XX인 암컷은 난소뿐만 아니라 난소 일부가 정소가 된 '난정소'라는 생식샘이 있다고 알려져 있다[14, 15](그림 4-3). 게다가 일부 암컷만 이렇게 특수한 상태가 되는 것이 아니라 이 종류에 속하는 모든 암컷 두더지가 난정소를 갖는다.

왜 이 두더지 8종에서는 위와 같은 암컷이 생기는 것일까?

두더지 중에도 특히 스페인 두더지를 사용한 연구가 널리 알려져 있다. 독일의 막스플랑크 분자생물학 연구소의 연구자를 필두로 한 연구진은 스페인 두더지의 게놈 정보를 해독하여 주로 두 가지 유전자 구조에 변화가 일어났다는 사실을 밝혀냈다[16].

둘 중 하나는 남성 호르몬의 합성에 작용하는 효소를 만드는 유전자였다. 이 유전자는 인간을 포함한 대부분 포유류의 염색체상에 한 개만 존재하는데 스페인 두더지는 세 개로 늘어나 있었다는 사실이 밝혀졌다.

그러나 중요한 것은 개수가 늘어났다는 사실이 아니라 세 개로 늘어나는 과정에서 유전자 발현을 증가시키는 작용을 하는 염기서열에 변화가 생겨 효소를 많이 만들게 되었다는 것이다. 즉 이를 통해

제4장 새로운 성의 개념

효율적으로 대량의 남성 호르몬을 합성할 수 있게 된 것이다.

또한 연구진은 암컷의 난정소를 조직 절편으로 만들어 현미경으로 관찰한 결과, 난정소의 난소 부분에서는 난자를 만들지만 정소 부분에는 생식 세포가 존재하시 않고 정자를 만들지 않는다는 사실을 알아냈다.

그리고 혈액 속 남성 호르몬 양을 측정해보니 암컷 스페인 두더지의 남성 호르몬 양은 거의 수컷과 다름없는 수치였다. 즉 암컷의 정소 부분은 생식이 아니라 남성 호르몬을 다량 분비하기 위해 존재한다는 것이다.

스페인 두더지에게는 왜 이러한 진화가 일어났을까?

한 가지 추측할 수 있는 이유는, 두더지는 땅속 생활을 하기 위해 많은 흙을 파낼 수 있는 근육이 필요하기 때문이 아닐까 한다. 남성 호르몬은 근육을 증가시키는 작용을 한다. 두더지에게 근육은 수컷뿐만 아니라 암컷에게도 필요한 것이라 난소의 일부를 정소화시켜 수컷과 같은 수준으로 남성 호르몬을 분비하도록 하는 것이 아닐까 추측하고 있다.

이 연구 논문을 읽을 때 예전에 어느 여성 연구자에게 들었던 에피소드가 떠올랐다. 그분은 해양 생태계를 연구하고 있어, 해외 연구자와 함께 배를 타고 바다에서 필드 조사를 진행하고 있었다. 배 위에서는 힘을 써야 하는 일이 많은데 아주 무거운 물건을 옮길 때 일본에서는 종종 '남자가 필요하다'고 하지만 해외 연구자 동료는

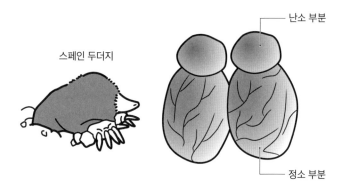

스페인 두더지

난소 부분

정소 부분

그림 4-3 암컷에 정소가 있는 스페인 두더지
(왼쪽) 스페인 두더지
(오른쪽) 암컷의 난소와 정소

"Need muscle!(근육이 필요해!)"이라고 표현한다고 한다.

'수컷이니까', '암컷이니까'가 아니라 '필요하니까' 다양하게 진화한다. 이것이 기본적인 성의 모습이라고 생각한다.

♂ Y를 버린 일본 쥐

마지막으로 나의 연구를 소개하겠다. 나는 류큐가시쥐라는 포유류를 오랫동안 연구하고 있다. 류큐가시쥐속(屬)은 세 종류로 구성된 일본 토착 설치류로, 오키나와, 아마미오시마, 도쿠노시마에서만 서식하고 각각의 종에 섬 이름이 붙어 있다.

이 가운데 류큐가시쥐와 도쿠노섬가시쥐는 Y염색체가 없고 수컷과 암컷 모두 X염색체 하나만 있는 XO형이다. 암컷은 XX형이 좋나고 생각하는데 어째서인지 암컷도 XO형이다. 염색체가 1개 적어서 총 염색체 수는 홀수(류큐가시쥐는 25개, 도쿠노섬가시쥐는 45개)가 된다. 그리고 SRY 유전자는 완전히 사라져 있다.

인간을 포함한 대부분의 포유류는 Y염색체 없이 수컷이 태어나는 경우가 없다. Y염색체가 있어도 SRY 유전자가 결실되거나 기능을 하지 못하는 경우에는 정소가 만들어지지 않기 때문에 수컷의 탄생 역시 불가능하다. 그러나 류큐가시쥐는 Y염색체와 SRY 유전자 없이 수컷이 태어난다.

Y염색체도 없고 SRY 유전자도 없는 포유류는 세계적으로도 매우 드물어서 많은 연구자들이 류큐가시쥐를 주목하고 있다. 그러나 류큐가시쥐속은 개체수가 급격히 줄고 있어 멸종위기종으로 지정되었을 뿐 아니라 1972년부터 일본의 천연기념물로도 지정되었다. 'Y염색체가 없기 때문에 멸종 위기인가'라는 질문을 자주 받는데, 그렇지는 않다. 산림 파괴 등으로 류큐가시쥐가 서식할 수 있는 환경이 감소했고 섬에 유입된 몽구스나 들고양이 같은 포식자의 등장 등이 주된 원인이다.

류큐가시쥐의 선조는 Y염색체를 가지고 있었다. 그러나 언젠가 우리에게도 닥칠지 모르는 Y염색체 소실이 류큐가시쥐에게 실제로 일어난 것이다. 하지만 류큐가시쥐는 이 위기를 극복하고 훌륭한 진화를 이루었음에도 불구하고, 현재 인간 때문에 멸종 위기에 처하게 되었다.

SRY 유전자 없이 어떻게 수컷이 태어날 수 있을까?

SRY 유전자에 의존하지 않는 새로운 성 결정 메커니즘이 있을 것이고, 이를 밝혀내는 것이 나의 큰 목표였다. 그래서 가장 먼저 SRY 유전자 이외의 Y염색체상 유전자는 어떻게 되었는지를 조사했다[17]. 제2장에서 설명했듯이 Y염색체상에는 SRY 유전자 말고도 정자를 만드는 유전자 등 수컷에게 없어서는 안 될 유전자가 있다.

연구 결과, 원래 Y염색체상에 있던 유전자 중 6개만 X염색체 말단 부분으로 이동(전좌)하여 살아남았다는 사실이 밝혀졌다. 즉 살아남은 6개는 수컷이 기능을 하기 위해 필요한 최소한의 유전자라는 것이다.

다만 암컷도 똑같이 X염색체가 있으니 Y였던 유전자도 가지고 있다. 원래 이 유전자들은 Y염색체상에 있으니 수컷에게서만 발현되는데 류큐가시쥐는 무척 희한하게도 수컷뿐만 아니라 암컷의 난소와 뇌에서도 발현된다고 알려져 있다.

이 연구를 통해 Y염색체는 꼭 필요한 유전자 몇 개를 다른 염색체에 옮겨놓는다면 사라질 수 있다는 것을 알게 되었다.

그리고 SRY 유전자를 대신하는 무언가가 성 결정 스위치를 켤 수 있다면 정소가 생기고 X염색체에 있지만 원래 Y유전자에 있었던 기능이 작용하면 정소 안에서 정자가 만들어지는, 즉 Y염색체가 없어도 기능적으로 수컷이 태어난다는 스토리가 완성된다.

우리의 Y염색체가 언젠가 사라진다 해도 남성이 태어날 수 있는 진화의 길을 보여주는 것이다.

♂ 새로운 성 결정 스위치의 획득

마지막으로 가장 중요한 성 결정 스위치를 밝혀내야 하는데, 사실 여기에 정말 오랜 시간이 걸렸다. 인간을 포함한 포유류의 게놈에는 성에 따라 매우 큰 차이점이 있는데 류큐가시쥐의 게놈은 성에 따른 차이가 아주 적어서 쉽게 찾을 수 없었다.

암수 류큐가시쥐의 게놈을 해독하고 비교하여 겨우 발견한 차이는 SOX9라는 유전자의 조절 염기서열이었다[18]. SOX9 유전자는 SRY 유전자의 직접적인 타깃이 되는 유전자다. SRY 유전자가 SOX9에 작용하여 SOX9의 발현을 촉진함으로써 정소 분화가 진행된다. 이때 SRY 유전자가 인핸서*2라고 불리는 조절 염기서열을 사용하여

---

*2 유전자가 작용하는 시기나 유전자 산물의 양을 조절하는 염기서열을 말한다. 인핸서라고 불리는 조절 영역은 유전자 산물의 양을 증폭시키는 역할을 한다.

SOX9의 발현을 증폭시키는 것인데, 수컷 류큐가시쥐는 인핸서를 포함한 영역이 중복되어 두 개 있었다. 암컷은 중복 없이 한 개뿐이었다. 즉 류큐가시쥐는 인핸서가 두 배 있어서 SRY 유전자가 없어도 SOX9의 발현을 증가시킬 수 있어 정소 분화가 진행하고 수컷이 된다는 구조가 밝혀진 것이다.

SRY 유전자에 의존하지 않는 포유류의 성 결정 메커니즘이 밝혀진 것은 세계 최초의 성과였다. 게다가 유전자 자체가 아니라 인핸서라는 유전자 조절 염기서열 영역에 따라 성이 결정된다는 발견도 매우 희귀한 것이다.

또한 SOX9 유전자와 인핸서는 상염색체에 존재한다. 즉 류큐가시쥐에서는 상염색체가 새로운 성염색체로 진화한 것이다. 이처럼 새로운 성염색체가 진화한 것을 성염색체의 전환(턴오버)이라고 하는데, 지금까지 포유류에서 성염색체의 턴오버는 보고된 적이 없어서 이 또한 세계 최초의 발견이다.

이러한 성과를 논문으로 발표했을 때 세계적으로 큰 반향이 있었다. 다양한 국가와 지역에서 300개가 넘는 인터넷 기사가 배포되어 상당히 높은 관심이 쏟아지고 있다는 것을 직접 확인했다.

🔗 베리에이션의 의의

사실은 류큐가시쥐를 통해 밝혀진 이 구조와 비슷한 것이 인간에게도 존재한다고 알려져 있다. 인간의 염색체나 유전자 베리에이션의 원인이 SOX9 유전자의 조절 염기서열 중복이라는 사례가 보고된 것이다[19].

이 사례에 따르면, 수컷 류큐가시쥐처럼 인핸서를 포함한 배열이 중복되어 있어서 SRY 유전자가 없어도 SOX9 유전자의 발현이 증대되기 때문에 성염색체는 XX형이더라도 남성의 표현형이 된다.

인간은 아직 SRY 유전자에 의존하는 구조를 유지하고 있어 현재 이러한 사례는 성 발달 장애로 보고 치료의 대상이 된다. 그러나 인간의 Y염색체가 사라져 없어지면 이러한 변이가 성 결정을 담당할 가능성을 충분히 생각해볼 수 있다.

아직도 우리 사회에는 생물학적 성이나 사회적 성의 베리에이션을 단순히 질환이나 예외적인 소수자라고 보는 부정적인 사고방식이 뿌리 깊게 자리 잡고 있다. 그러나 인간이 생물로서 진화하는 이상, 베리에이션은 필요하고 필연적으로 발생한다. 바꿔 말하면 성의 베리에이션은 생물학적으로 중요한 의의가 있다는 뜻이다.

Y가 없어도 수컷이 태어나는 엄청난 진화는 류큐 열도의 풍부한 자연이 만들어낸 것이다. 자연환경이 풍요로울수록 생물의 다양성은 보존된다. 즉 다양함은 풍요로움의 증거다.

인간 성의 본모습 또한 마찬가지다. 다양성과 베리에이션을 소중히 여기고 받아들이는 사회야말로 진정 풍요로운 사회일 것이다.

제 5 장

성별에 따른
수명 차이를
검증하다

왜 남성은 여성보다

수명이 짧을까?

🔗 해외에서 보는 '65세 정년'

2023년에 있었던 일이다. 나는 2020년부터 계속된 코로나 사태가 끝나고 처음으로 개최된 국제 학회에 참석하기 위해 호주 멜버른을 방문했다. 나와 친한 대부분의 연구자가 멜버른대학에서 연구를 하고 있다. 그중에는 제2장에서 언급한 세계 최초로 'Y염색체는 언젠가 사라진다'고 주장한 제니퍼 그레이브스 박사도 있었다.

멜버른이 주도인 빅토리아주는 코로나가 유행할 당시 매우 엄격하게 록다운(도시 폐쇄) 정책을 시행해 당시 일본에도 보도되었다. 2021년 10월에 누계 세계 최장(262일)이었던 록다운이 멜버른에서

해제되었는데, 그때까지 멜버른 중심부에서는 수천 명 규모의 항의 시위와 경찰의 충돌이 일어났다. 나도 무척 걱정이 되어 특별히 가까운 사이인 연구자와 몇 번씩 메일을 주고받았던 기억이 새록새록 떠오른다.

코로나 시절에는 학회도 국내든 해외든 모두 온라인으로 진행되었다. 그래서 멜버른에서 열린 국제 학회는 오랜만의 재회에 서로 기뻐하며, 회의장 근처 술집에서 각자 맥주나 와인을 들고 연구 진행 상황부터 가족 일까지 다양한 주제로 이야기꽃을 피웠다. 호주인뿐만 아니라 스페인, 프랑스, 독일, 미국, 중국 등에서 온 연구자들과 즐겁게 술을 마시며 대화하다 보니 연구자의 퇴직 연령이 화제에 올랐다.

대부분의 일본 대학이나 연구소에서는 정해진 나이가 되면 퇴직하는 정년퇴직 제도를 취하고 있다. 예전에는 정년퇴직 연령은 60세가 일반적이었는데 요즘에는 65세인 대학이 늘고 있어 앞으로 더 높아지지 않을까 하는 얘기도 있다.

퇴직 제도는 나라마다 사정이 다르고 실력이 있으면 몇 살이든 현역으로 활동할 수 있는 나라도 있다. 바꿔 말하면 연구 자금을 확보하지 못하면 아무리 젊어도 계속 연구 활동을 할 수 없는, 매우 엄격한 실력주의 세계라는 것이다.

예를 들어 서두에서 언급한 그레이브스 박사는 1941년생이다. 변함없이 왕성하게 활약하고 있는데 코로나가 끝나고 다시 만났을 때

80세가 넘었다. Y염색체가 언젠가 사라질 것이라고 제창했을 때는 호주국립대학 교수였는데 그 후 멜버른의 라트로브대학으로 옮겨 현역 교수로서 연구 활동을 지속하고 있다. 그레이브스 박사 정도의 실력과 인기, 인지도가 있으면 평생 현역 연구자로 활약할 수 있을 것이다.

일본은 65세에 퇴직한다고 말했더니 "일본인은 장수하는데 그 나이는 너무 이르다!"라고 모든 나라의 사람들이 입을 모았다. 일본이 장수의 나라라는 사실은 세계적으로도 유명한 것이다.

그리고 남성과 여성의 퇴직 연령이 다른 나라도 있다고 한다. 여성의 퇴직 연령이 남성보다 빠르다는 것이다. "여성이 더 오래 사는데?"라며 다들 놀라워했고 아직 세계적으로 뿌리 깊게 남아 있는 젠더 갭에 나도 놀랐다.

🦴 왜 일본인은 장수하는가

일본 후생노동성이 공개한 데이터를 보면 일본인의 평균 수명은 1955년 이후 계속 증가하고 있다(그림 5-1). 1955년에는 여성과 남성 모두 평균 수명이 60대였던 반면 2019년에는 여성이 87.45세, 남성이 81.41세였다. 2040년에는 여성의 평균 수명은 89.63세, 남성은 83.27세로, 여성은 90세에 가까워질 것으로 예측하고 있다.

일본인의 평균 수명이 계속 늘고 있는 이유는, 우선 의학의 발달과 의료 제도의 정비가 가장 크다고 생각한다. 시대와 함께 의료 기술과 의료 기기가 발달하고 의약품 개발도 진행되었다. 예전에는 치료하기 어려웠던 질병이나 부상도 현재 의료 기술로 가능한 경우가 증가하고 있다. 게다가 전국민보험제도*1를 시행하고 있어 다른 나라에 비해 개개인이 부담하는 의료비가 비교적 낮게 유지되고 있어 병원 진료의 허들이 낮다는 이유도 있다. 특히 임산부, 영유아의 보건 상담이나 정기검진, 영유아 예방 접종이 보급되어 영유아 사망률이 감소한 것도 평균 수명이 늘어난 이유 중 하나라고 여겨진다.

또한 생활 환경 시설 등의 인프라가 정비되었다는 점도 꼽을 수 있다. 상하수도나 폐기물 처리 시설이 정비되어 물이나 오물을 통한 감염병의 발생률이 감소한 것도 크다고 본다. 그리고 다양한 식재료를 사용하여 식이섬유를 많이 섭취하는 일본 특유의 음식 문화와 일본인이 가진 유전적 요소 등도 영향이 있을 것이라고 알려져 있다.

세계 평균 수명과 비교해보자. 세계보건기구(WHO)가 2022년에 공개한 세계 평균 수명과 관련된 데이터[1]를 살펴보면 남녀를 합친 일본의 평균 수명은 84.3세로, 2위 스위스(83.4세), 3위 대한민국(83.3세)을 제치고 세계 1위를 차지했다.

---

*1 원칙적으로 모든 국민이 공적 의료 보험에 가입해야 하는 제도

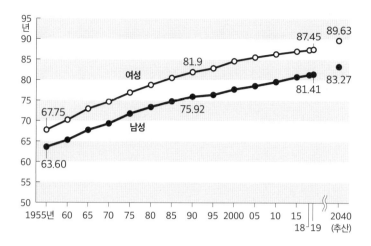

그림 5-1 일본의 평균 수명 추이

후생노동성 '레이와 2년판 후생노동백서-레이와 시대의 사회 보장과 적용 방법을 생각하다―평균 수명의 추이'를 참고하여 작성함.

https://www.mhlw.go.jp/stf/wp/hakusyo/kousei/19/backdata/01-01-02-01.html

🔗 남녀의 수명―왜 여성이 더 오래 살까

세계에서 평균 수명이 가장 긴 일본이지만, 그림 5-1에서 확인할 수 있듯이 데이터가 있는 모든 연도에서 남성보다 여성의 평균 수명이 길다는 것을 알 수 있다. 다들 아시다시피 남성보다 여성이 장수하는 경향은 사실 세계적으로도 비슷한 경향을 보인다.

왜 여성은 남성보다 오래 살까?

남녀의 수명 차이와 관련된 다양한 연구가 진행되고 있다. 그중에서 특히 큰 요인이라고 여겨지는 것은 유전자, 성염색체, 호르몬의 차이다. 특히 여성 호르몬은 여성의 건강에 지대한 영향을 미치고 있어 수명과도 관계가 있을 것이라고 알려져 있다.

제1장에서 콜레스테롤이라는 분자가 남성 호르몬과 여성 호르몬을 만드는 원재료라고 설명했었다. 콜레스테롤은 우리 몸에 없어서는 안 되는 중요한 지방질 중 하나로, 호르몬의 재료 외에 세포막을 만들거나 지방의 흡수를 돕는 담즙산의 재료이기도 하다. 그리고 머리카락과 피부를 매끄럽게 만들거나 신경 전달에도 작용한다고 알려져 있다. 그래서 우리의 혈액 속에는 항상 콜레스테롤이 존재한다.

🔗 콜레스테롤과 호르몬의 관계

콜레스테롤에 '나쁜 것'과 '좋은 것'이 있다는 말을 들어본 적 있는 사람도 많을 것이다.

이 표현 때문에 몸에 무척 나쁜 콜레스테롤과 아주 좋은 콜레스테롤 두 종류가 있다고 생각하는 사람이 많은데, 사실 둘 다 같은 콜레스테롤이다. 혈액 안을 이동할 때 어떤 상태인가에 따라 차이가 생긴다. 콜레스테롤은 지방질, 즉 기름이라 물에 녹지 않아서 그 상태로는 혈액에 녹아서 체내를 이동할 수 없다. 그래서 혈액에 잘 녹는 특수한 단백질 등에 싸인 캡슐 형태로 혈액 안을 이동한다. 이러한 캡슐 형태의 물질을 지질단백질이라고 한다.

지질단백질은 몇 가지 종류로 나눌 수 있는데 이 중 HDL(고밀도 지질단백질)이라 불리는 지질단백질로 된 캡슐은 잉여물로 남은 콜레스테롤을 회수하여 간으로 되돌리는 역할을 한다. 그래서 이 캡슐에 싸인 HDL 콜레스테롤을 '좋은 콜레스테롤'이라고 부른다.

반면 LDL(저밀도 지질단백질)이라는 지질단백질 캡슐은 몸 안에 콜레스테롤을 운반하는 역할을 한다. 콜레스테롤을 운반하는 일 자체는 필요하지만 LDL이 너무 많아지면 혈관 속에 콜레스테롤이 축적되어 혈관이 손상되거나 혈관 안쪽이 좁아지는 원인이 된다. 그래서 LDL 콜레스테롤을 '나쁜 콜레스테롤'이라고 부른다.

그리고 여성 호르몬은 지방질의 대사에 깊이 관여하여 LDL 콜레스테롤을 억제하는 작용을 한다고 알려져 있다. 즉 여성 호르몬을 분비하는 여성의 신체는 나쁜 콜레스테롤이 억제되어 결과적으로 심혈관 질환이나 동맥경화가 일어나는 것을 방지하고 있는 것이다.

실제로 일본을 포함한 대부분의 선진국에서 심근경색과 같은 심혈관 질환이나 동맥경화의 이환율은 여성보다 남성이 높아[2] 여성 호르몬이 이러한 질병을 예방한다고 여겨진다. 그러나 완경을 맞아 여성 호르몬 분비가 줄어든 여성은 LDL 콜레스테롤이 급격히 증가한다. 나이가 들수록 심근경색으로 인한 여성의 사망률이 높아진다는 보고도 있으니 여성 역시 주의가 필요하다.

♂ 남성에게 적은 장수 호르몬

'아디포넥틴'이라는 호르몬도 수명과 관련이 있다고 알려져 있다.

아디포넥틴은 지방 세포에서 분비되는 호르몬인데 혈관 내피세포에 작용하여 동맥경화를 억제하는 기능을 한다[3]. 또한 앞서 언급한 착한 HDL 콜레스테롤을 증가시키고 당뇨병을 억제하거나 항염증 작용도 하기 때문에 여러 가지 생활습관병을 예방하는 역할을 한다. 그래서 '장수 호르몬' 또는 '건강 호르몬'이라고도 불린다.

일반적으로 남성보다 여성이 아디포넥틴 분비량이 더 많다고 알려져 있다. 왜 이러한 성별에 따른 차이가 나타나는지에 대한 의문이 생길 텐데, 남성 호르몬이 아디포넥틴의 분비를 방해한다는 연구 보고가 있다[4, 5]. 남성은 여성보다 많은 남성 호르몬이 분비되고 있어서, 여성보다 장수 호르몬의 혜택을 받기 어려운 상황인 것이다.

비만이거나 내장지방이 축적되면 아디포넥틴 분비량이 감소한다. 아디포넥틴의 분비량은 비만도를 나타내는 BMI[*2] 지수와 강력한 상관관계가 있다고 보고되었다[6]. 즉 내장지방을 줄이면 아디포넥틴 분비량을 늘릴 수 있다고 기대되므로, 내장비만형 비만이 되지 않도록 관리하는 것이 남성이 더 오래 살 수 있는 비결이라 할 수 있다.

---

*2 Body Mass Index. 몸무게와 키로 산출하는 비만도를 나타내는 체질량지수를 말한다.

∂ 동맥경화를 억제하는 여성 호르몬

게다가 여성 호르몬은 몇 가지 방법을 통해 혈관벽에 작용하여 동맥경화를 억제하는 기능을 한다고 알려져 있다[7].

하나는 혈관벽에 직접 작용하는 방법이다. 혈관을 확장시키는 기능이 있는 물질로는 일산화질소와 프로스타사이클린*3이 있는데 여성 호르몬은 혈관 내피세포에 직접 작용하여 내피세포에서 일산화질소와 프로스타사이클린의 생산을 증가시킨다. 그러면 혈관이 유연해지고 확장되어 혈압도 낮아진다.

이외에도 여성 호르몬은 혈관 내피세포를 증식시키는 작용도 한다. 고혈압이나 고지혈증, 당뇨병 등에 의해 혈관 내피세포가 손상되면 그곳은 두껍고 딱딱해진다. 그러나 여성 호르몬이 작용하여 혈관 내피세포가 증가하면 손상된 부분이 재생되어 두꺼워지는 것을 방지할 수 있다.

그리고 혈관벽의 대부분을 이루고 있는 혈관 평활근 세포에 작용하여 혈관 평활근을 이완시켜 혈관을 확장하는 효과도 있다.

이처럼 다양한 방법으로 고혈압과 동맥경화 예방에 큰 역할을 하고 있는 여성 호르몬의 기능이 협심증이나 심근경색과 같은 심장 질

---

*3 프로스타글란딘의 하나로 프로스타글란딘I2라고도 한다.

환, 뇌출혈, 뇌경색과 같은 뇌혈관 질환의 위험을 낮추어, 여성의 장수에 크게 기여하고 있는 것이 아닐까 생각한다.

♂ 남성 호르몬이 없으면 오래 살 수 있을까?

인간뿐만 아니라 대부분의 포유류에서 수컷이 암컷보다 수명이 짧다고 알려져 있다. 그래서 여성 호르몬의 분비량 차이뿐 아니라 남성 호르몬 자체가 수컷(남성)의 수명에 영향을 미치는 것이 아닌지 생각해볼 수 있지만, 남성 호르몬과 수명의 관계는 아직 명료하지 않은 점이 많다.

그러나 가령 거세한 쥐나 개가 거세하지 않은 수컷보다 더 오래 산다는 보고가 있었다[8, 9]. 거세란 외과 수술을 통해 정소를 제거하는 것으로, 정소가 없으면 충분한 양의 남성 호르몬이 분비되지 않는다.

인간도 거세한 경우의 수명에 대해 조사한 연구가 있다. 한국에서 환관의 수명을 조사한 것이다.

환관은 거세당한 관리를 말한다. 환관 제도는 고대부터 각 문화권에 존재했고 동아시아에서는 고대 중국에서 시작하여 조선이나 베트남 등으로 퍼져나갔다.

거세 수술은 원래 형벌로 내려졌으나, 황제를 곁에서 모시는 지위를 얻은 환관도 많았다. 그래서 스스로 지원해서 환관이 되는 자들이 끊이지 않던 시대도 있었다. 명나라 시대는 환관이 10만 명이나 존재했다는 기록도 있다.

그래서 거세 수술을 전문으로 담당하는 사람이 있어 외과 수술로 고환(정소)을 잘라냈고, 지역에 따라 음경을 같이 잘라내는 경우도 있었다고 한다.

🧬 100년 산 환관

한국의 인하대학교 연구진은 환관 제도를 도입한 조선 왕조의 기록을 조사하여 조선 시대 환관의 수명을 조사했다[10].

「양세계보」는 세계에서 유일하게 현존하는 환관의 가계도를 기록한 역사적 자료다. 조선 시대에 환관은 거세를 했기 때문에 생물학적으로 자신의 자식을 가질 수 없었다. 그러나 당시 조선에서는 결혼하여 양자를 들이는 것은 허용되었다.

「양세계보」에는 환관 385명에 대한 기록이 있다. 연구진은 이 중에서 출생과 사망 연도가 명확하게 기록되어 있으면서 소년기에 거세한 환관 81명을 선별하여 사망 연령을 조사했다. 왜 어릴 때 거세한 환관을 골랐느냐 하면, 이들은 원래 사춘기에 많이 분비되어야 하는 남성 호르몬의 영향을 받지 않고 성장했다고 볼 수 있기 때문이다. 반면 성인이 된 후에 거세한 경우는 이미 남성 호르몬의 영향을 받았을 것이다. 그리고 거세하지 않은 비교 대조군으로는 환관과 동등한 지위였던 세 귀족 가문의 가계도를 선정하여 남성의 사망 연령을 조사했다.

환관이 아닌 세 가문의 귀족 남성은 평균 사망 연령대가 51~56세 정도였던 반면 환관의 평균 사망 연령은 70세로, 환관이 아닌 남성보다 14~19년 더 오래 살았다고 한다.

게다가 조사 대상인 환관 81명 중에 100세 이상이었던 사람이 3명이나 있었다(100세, 101세, 109세).

환관이 아닌 남성의 평균 사망 연령에서 볼 수 있듯이 당시 귀족 남성의 평균 수명은 50세 정도였다고 예상된다. 그리고 왕의 평균 수명은 45세, 왕족 남성은 47세 정도였다고 하니 환관이 얼마나 오래 살았는지 알 수 있다. 덧붙여서 현재 장수 대국인 일본에서는 '인생 100세 시대'라고 하는데, 2023년 9월 시점에서 100세를 넘는 고령자가 9만 2,139명이다. 이는 대략 1,350명 중 1명꼴인데 89%가 여성이다.

다만 이 연구만 보고 '남성 호르몬이 남성의 수명을 단축시킨다!'라고 결론을 내릴 수는 없다. 이 조사 결과는 환관이 장수했다는 사실을 보여주긴 하지만, 그렇다고 남성 호르몬과의 인과관계를 과학적으로 밝힌 것은 아니기 때문이다. 앞서 소개한 거세한 쥐나 개와 관련된 연구 보고를 통해서도 남성 호르몬이 남성의 수명에 어떠한 영향을 끼칠 가능성은 고려해볼 수 있다. 그러나 수명에 영향을 미치는 것은 남성 호르몬이 아닌 다른 요인이라고도 생각할 수 있다. 예를 들어 환관의 식생활이나 생활 습관이 장수에 도움이 되었을 수도 있는 것이다.

그리고 남성 호르몬은 원래 남성에게 필요한 것이기 때문에, 남성 호르몬이 감소했을 때 발생하는 다른 영향도 고려할 필요가 있다. 앞서 언급한 것처럼 환관 연구는 남성 호르몬이 많이 분비되는 사춘기 전에 거세한 환관을 조사 대상으로 삼았다. 일반적인 남성은 분비된 남성 호르몬을 이용하며 살기 때문에 갱년기를 맞이하여 남성 호르몬 분비가 감소하면 흥미나 의욕 상실, 집중력 및 기억력 저하, 근육과 뼈가 약해지는 등 남성 갱년기 증상을 앓는다고 알려져 있다.

또한 남성 호르몬에는 돌연사의 주원인인 부정맥을 억제하는 기능도 있다. 따라서, 단순히 남성 호르몬을 나쁘다고 여기는 것은 지양해야 할 것이다.

🔗 기초대사의 남녀 차이

남성보다 여성이 오래 사는 또 다른 이유로 기초대사량의 차이를 꼽기도 한다.

기초대사는 깨어 있는 상태에서 생명 활동 유지에 필요한 최소한의 에너지를 말한다. 하루 활동 중 소비되는 에너지의 약 60%는 기초대사에 쓰인다고 알려져 있다.

기초대사량은 일반적으로 여성보다 남성이 높고 남녀 모두 나이가 들수록 떨어진다. 젊을 때는 말랐었는데 나이가 들면서 다이어트가 필요할 정도로 살이 찌고 다이어트 효과도 좀처럼 나타나지 않는다……. 나 역시 기초대사량 저하를 실감하는 사람 중 하나다.

기초대사가 떨어지면 쉽게 살이 찌고 기초 체온이 떨어져 면역력 저하로 이어질 수 있어서 일반적인 건강 관리 방법으로 기초대사 향상을 권장한다.

체내에서 가장 많은 에너지를 소비하는 곳이 골격근이라서 기초대사는 근육량과 깊은 관계가 있다. 기초대사량을 높이려면 근육량을 늘리는 것이 효과적이고, 남성은 여성보다 근육량이 많기 때문에 기초대사량이 높다고 볼 수 있다.

남성이 근육량이 더 많은 것은 남성 호르몬이 근육 비대를 촉진하는 기능이 있기 때문이다. 남성 호르몬 양이 적은 여성은 남성에 비해 근육이 발달하기 어려워서 그만큼 기초대사량도 낮을 수밖에 없다.

🔗 여성은 배고픔에 강하다?

지금까지의 설명을 토대로 생각해보면, 남성이 더 오래 살 수 있는 것 아닌가 하는 생각이 들기도 한다. 확실히 일상생활에서 건강을 생각하면 기초대사량이 높은 것이 좋다고 생각할 수 있으나, 어느 연구 보고에 따르면 비상시에는 꼭 그렇지만은 않은 것 같다.

일본 에도 시대 후기인 1833~1839년쯤, 에도 3대 기근 중 하나로 알려진 덴포 대기근이 일어났다. 기근의 주요 원인은 폭우로 인한 홍수, 냉해로 인한 대흉작 등인데 당시 일본의 인구 감소에 큰 영향을 미쳤다.

기후현 히다 지방의 절에 남아 있는 당시 사망 기록을 조사한 연구[11]를 보면, 기근의 영향으로 인구의 10% 정도가 감소했으며 영아 사망률이 높아 인구 증가 속도가 느렸다는 점 등을 알 수 있다.

이 연구에서 특히 주목해야 할 점은 여성보다 남성의 사망률이 높았다는 것이다. 기근이 일어나기 전인 1800~1851년 사이의 사망률은 남녀가 거의 비슷했다. 그러나 기근이 정점에 다다랐던 1837년에는 전체 사망자 중 남성이 54.8%인 데 반해 여성은 45.2%였다.

이와 같은 논문은 어디까지나 기근이나 전염병이 유행할 때 남녀의 사망률이 다르다는 사실을 밝혔을 뿐, 생물학적인 이유를 증명한 것은 아니다. 그러나 사고나 재해가 일어났을 때 음식이나 마실 것을 구하지 못하고 며칠씩 굶주린 상태로 버텨야 하는 상황을 가정해본다면 기초대사량이 낮아야 목숨을 구할 가능성이 높다고 볼 수 있다. 기초대사량이 낮으면 생명 활동을 유지하기 위해 필요한 에너지도 적기 때문에, 에너지가 보충되지 않는 상태가 지속되더라도 살아남을 가능성이 높아질 수도 있다.

♂ 혹독한 상황에 처한 영유아의 남녀 차이

비상시에는 여성의 생존율이 높아진다. 이것은 일본뿐 아니라 세계적으로도 같은 경향을 보인다.

기근이나 전염병이 유행할 때 인구 동태를 조사한 연구 보고는 많은데 2018년에 이러한 보고를 모아 분석한 논문이 발표되었다[12]. 이 논문은 과거에 보고된 7개 논문의 데이터를 사용하여 비교 분석했다. 분석 대상은 아프리카 서부의 라이베리아(1820~1843년)[*4], 카리브해의 트리니다드 토바고(1813~1816년)[*5], 구소련 체제하의 우크

[*4] 1820년 미국에서 제정된 미주리 협정(노예 제도와 관련된 결정)의 영향으로, 아프리카에서 끌려 온 노예 중 일부가 고국으로 돌아가 1847년에 아프리카 최초의 독립 국가인 라이베리아를 건국했다. 그러나 건국에 이르기까지 험난한 뱃길, 식량 부족과 전염병의 유행 등 때문에 인류 역사상 최악이라고 할 수 있는 높은 사망률 상태가 1820년부터 1843년까지 계속되었다. 1820년에 라이베리아의 사망률은 약 43%였다.

[*5] 오랫동안 스페인, 프랑스, 영국 등의 식민지로 있었다. 플랜테이션 농업에 아프리카에서 온 흑인 노예가 도입되면서, 영국 지배하에 있었던 1813년부터 1816년까지 흑인 노예의 나이와 사망률 등에 대한 상세한 기록이 남아 있다.

라이나(1933년)*6, 스웨덴(1773년)*7, 아이슬란드(1846년과 1882년)*8, 아일랜드(1845~1849년)*9 등 6개 지역으로, 식민지화에 의한 노예 지배, 기근, 전염병의 유행 등 7가지 사례에서 남녀의 생존율을 비교했다. 조사 대상이 된 7개 사례는 모두 무척 끔찍했던 상황으로, 사망률이 높아 너무나 마음이 아프다.

이 연구를 보면 사망률이 매우 높을 때도 평균적으로 여성은 남성보다 오래 살았다는 사실을 알 수 있다. 그림 5-2를 살펴보자. 트리니다드 토바고 외에는 여성의 생존율이 더 높다.

이 연구에서는 남녀의 생존율이 차이가 나는 요인 중 하나로 영유아의 사망률 차이를 꼽는다. 혹독한 상황에서 남자아이보다 여자아이가 더 살아남기 쉬운 것이 아닐까.

*6 1932~1933년에 걸쳐 우크라이나에서 '홀로도모르'(우크라이나어로 '홀로도'는 기근, '모르'는 전염병과 대규모 죽음을 의미한다)라 불리는 역사적인 대기근이 일어났다. 소련의 스탈린 정권이 주도한 계획적인 기아 또는 부작위나 인위적 요인에 의한 기아일 가능성이 제기되고 있다.

*7 1772~1773년 스웨덴에서 이상기후 등으로 인해 작물의 흉작으로 대규모 기근이 일어났다. 게다가 이질의 한 종류인 적리가 널리 퍼져 사망률이 상승했다.

*8 아이슬란드에서는 1846년과 1882년에 홍역이 크게 유행하여 다수의 사망자가 발생했다.

*9 영국의 식민 지배를 받았던 아일랜드에서 빈농 계급의 주식이었던 감자에 전염병이 돌아 대흉작이 되어 1845~1849년에 기근이 생겼다. 이 기근 때문에 아일랜드의 인구가 급격히 감소했다.

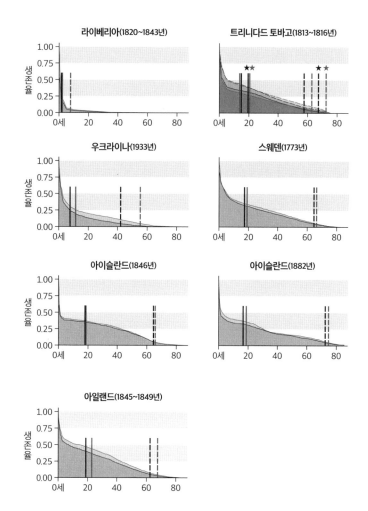

그림 5-2 6개 지역에서 일어난 7가지 사례(기근, 전염병 유행 등)의 남녀 생존율

검은 선은 남성, 회색 선은 여성이다. 회색 음영은 생존 곡선, 세로 실선은 평균 여명, 세로 점선은 인구의 5%가 생존할 수 있는 나이, 별표는 추정한 상한점을 나타낸다. 트리니다드 토바고를 제외한 모든 사례에서 여성의 생존율이 남성보다 높다.

참고문헌[12] (https://www.pnas.org/doi/full/10.1073/pnas.1701535115) Fig.1을 참고하여 작성함.

🔗 병원에 자주 다니는 여성,
건강검진을 잘 받는 남성

또한 남성보다 여성이 건강에 대한 의식이 높아서 장수하는 것이라는 설도 있다. 남성보다 여성이 의료 기관을 방문하여 진찰받는 빈도가 높고, 식사 등의 영양 밸런스를 신경 쓰거나 건강과 미용에 관련된 건강식품 등을 적극적으로 섭취하는 경향이 있으며, 알코올 섭취량이 적고, 생리 주기에 따른 컨디션 변화 때문에 건강에 신경 쓰는 습관이 배어 있다는 등의 이유다.

정말 남성보다 여성이 건강을 더 신경 쓸까?

우선 병원에 다니는 사람의 비율을 살펴보자(그림 5-3 [1]). 일본 후생노동성이 공개한 국민 생활 기초 조사 개황[13] 가운데 대규모 조사가 시행된 5개년(2010년부터 2022년까지 3년마다 시행됨) 자료에서, 부상 및 질병 등으로 통원하고 있는 사람을 뜻하는 통원자율(인구 1,000명당 통원자의 비율)의 남녀 차이를 살펴보면 어느 해든 남성보다 여성의 비율이 높다는 것을 알 수 있다. 차이가 크지는 않지만 어느 해나 일관되게 여성 비율이 높아 통원자는 여성이 많은 경향을 보인다는 사실을 알 수 있다. 또한 통원자율은 세대에 따라 차이가 난다고 생각할 수 있는데, 실제 공개된 후생노동성 자료에는 10세씩 연령을 구분한 통원율도 게재되어 있다. 여기에서도 거의 모든 세대에서 여성의 통원율이 높은 것을 볼 수 있다.

반면 건강검진이나 종합검진을 받는 비율(그림 5-3 [2])과 암 진단 검사를 받는 비율(그림 5-3 [3])을 보면 반대로 여성보다 남성의 비율이 높다. 암 진단 검사는 남녀 공통인 암(위암, 폐암, 대장암)의 수검자율을 나타내는데, 자궁(경부)암처럼 여성에게만 있는 암과 유방암의 수검자율도 평균을 내보면 43% 정도로 결코 높지 않다. 그래서 이러한 조사 데이터를 보면 여성이 더 오래 산다는 사실과 연결이 되지 않는 것 같다.

여성의 건강검진이나 종합검진, 암 진단 검사 수검자율이 낮은 이유로, 여성 중에 건강검진이 의무가 아닌 파트타임 노동자 등이 많고, 가사나 육아가 바빠 검진 받으러 갈 시간을 내기가 어렵다는 등 사회적인 요인을 꼽을 수 있다.

영양제와 같은 건강식품 섭취 현황을 살펴보자(그림 5-3 [4]). 2019년에 실시한 조사 데이터만 있어서 일관성 있게 관찰되는 추세인지는 알 수 없다. 하지만 6~19세 연령대에서는 남성의 비율이 높지만 20세가 넘으면 여성의 비율이 높다. 이 자료에서 미루어보아 여성이 건강식품 등을 주체적으로, 그리고 적극적으로 섭취하는 경향이 있다고 할 수 있을지도 모르겠다.

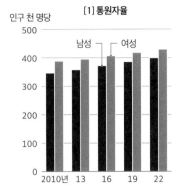

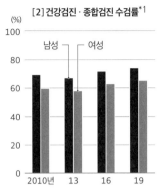

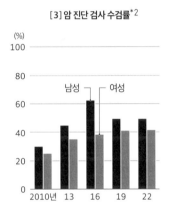

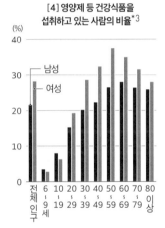

그림 5-3 통원자율, 검진 등의 수검자 비율

후생노동성이 공개한 국민 기초 조사 개황(https://www.mhlw.go.jp/toukei/list/20-21kekka.html)을 기초로 집계했다. 전부 입원자는 포함하지 않았다.

*1 20세 이상에서 과거 1년간 진찰을 받은 사람의 비율.

*2 40~69세의 위암, 폐암, 대장암 검사를 받은 사람의 평균.

*3 2019년 조사 데이터만 있다. 6세 이상.

♂ 음주는 남성이 많이 한다

음주는 어떨까?

일본 후생노동성이 조사한 습관적 음주자[*10]의 비율은 20세 이상 모든 연령대에서 1989년에 남성이 51.5%, 여성은 6.3%였다. 2019년 즉 30년 후의 습관적 음주자의 비율은 남성이 33.9%, 여성은 8.8% 였다. 남녀를 비교하면 여전히 여성보다 남성의 음주율이 높은 것을 알 수 있다. 그러나 1989년과 2019년을 비교하면 남성의 습관적 음주자의 비율이 대폭 감소한 반면 여성은 증가하고 있다.

후생노동성에서는 1인당 순 알코올 섭취량이 남성은 40g 이상(맥주 2병 정도), 여성은 20g 이상이면 생활습관병에 걸릴 위험이 높아지는 음주량이라고 말한다. 남녀가 양이 다른 이유는 서양인을 대상으로 한 연구에서 사망률이 높아지는 알코올 양이 남녀가 다르다는 결과가 나왔고, 여성은 남성보다 적은 양을 섭취하는 것이 적당하다고 보기 때문이다[14, 15]. 물론 알코올을 분해하는 능력은 개인마다 다르니, 어디까지나 기준치일 뿐이다.

생활습관병에 걸릴 위험을 높이는 음주량을 넘겨 술을 마시는 사람의 비율은 2010년에는 남성이 15.3%, 여성이 8.0%였다. 2019년에

[*10] 후생노동성의 국민 건강·영양 조사에서는 습관적 음주자를 '일주일에 3일 이상, 하루에 청주로 180ml 이상 마시는 사람'이라고 정의하고 있다.

는 남성이 14.9%, 여성이 9.1%로, 남성의 음주율이 높다는 사실은 변하지 않았다. 그러나 시간에 따른 변화로는, 습관적 음주자와 마찬가지로 남성은 감소하는 반면 여성은 증가하는 경향이 있다.

알코올 섭취량은 남성이 더 많고 여성이 적다는 사실은 분명한 것 같다. 그러나 최근 여성의 음주량이 증가하고 있어, 앞으로 여성의 건강과 수명에 영향을 미쳐 변화가 생길 가능성도 있다.

🔗 수명을 좌우하는 요인은 복잡하다?

지금까지 왜 여성이 더 오래 사는지 몇 가지 요인에 대해 이야기했다. 남성이든 여성이든 수명과 관련된 각 성의 특성을 아는 것은 건강을 위해 좋은 일이라고 생각한다. 그런데 예를 들어 한 가지 호르몬에도 기능은 한 가지가 아니라 여러 개 있고 영향도 복잡하기 때문에, 호르몬의 일부 기능만 잘라내어 비교하는 것이 아니라 여러 방면에서 생각해보는 것이 중요하다.

또한 남녀에 따른 수명 차이는 생물학적인 요인뿐만 아니라 환경이나 사회적 요인 등 여러 가지 요인이 복잡하게 상호작용하여 생기는 것이다. 유전자나 호르몬이 초래한 영향뿐 아니라 우리를 둘러싼 사회 환경도 포함하여 종합적으로 깊이 이해하는 것이 장수의 비밀을 밝히는 포인트가 될 것이다.

제6장

성별에 따른
차이일까,
개인차일까?

뇌의 남녀 차이를

생각하다

제1장과 제2장에서는 유전자와 호르몬, Y염색체가 어떤 역할을 하고 우리의 성에 어떤 영향을 미치는지에 대해 이야기했다. 제3장에서는 생물의 성은 두 종류로 제한된 것이 아니며 매우 유연한 본모습이 있다는 사실을, 그리고 제4장에서는 우리 성의 베리에이션을 중점적으로 소개했다. 그리고 제5장에서는 성별에 따른 차이가 우리에게 미치는 영향 중 하나로, 남녀의 수명 차이에 대해 다루었다.

마지막인 제6장에서는 많은 사람들의 관심사인 성별에 따른 뇌의 차이에 대해 이야기하고자 한다.

오래전부터 남녀의 뇌는 형태나 크기 등이 달라서 남녀의 행동이나 사고방식, 스트레스 대처법, 사회와 관계를 맺는 방법에 차이가 있다고 여겨졌다. 이러한 차이는 '남성다움', '여성다움'으로 널리 인식되고 있지만 이렇게 '뭉뚱그리는' 것에 크든 작든 거부감을 느끼는 사람도 많을 것이라고 생각한다.

과연 우리의 뇌는 성별에 따른 차이가 있는 것일까?

☿ 팬데믹과 성차

2019년 12월, 중국 후베이성 동부의 우한시에서 시작된 신종 코로나 바이러스 감염증(코로나19)이 전 세계로 퍼졌다. 일본에서 처음으로 감염자가 확인된 것은 2020년 1월 15일이었다. 감염자는 중국 우한시에서 귀국한 가나가와현에 사는 남성이었다.

내가 사는 홋카이도에서는 1월 28일에 처음으로 코로나19 감염자가 확인되었고 그는 중국 우한시에서 홋카이도로 여행을 온 여성이었다. 그리고 전국적으로 퍼지기 전 순식간에 홋카이도 전체로 코로나19가 확산되자, 2월에는 스즈키 나오미치 도지사가 홋카이도 단독으로 '긴급 사태 선언'을 하는 등 매우 긴박한 사태가 되었다.

그 당시 나는 원격으로 간토와 간사이 지역 대학에 소속된 공동 연구자들과 새로운 연구 프로젝트에 대한 의견을 교환하고 있었다. 그런데 공동 연구자들에게는 전혀 위기감이 느껴지지 않고 홋카이도의 긴장 상태가 와닿지 않는 것처럼 보였다. 혼슈는 상황이 퍽 다

제6장 .... 성별에 따른 차이일까, 개인차일까?

르구나 싶어 놀랐던 기억이 생생하다. 그러나 그것도 잠깐이었고, 코로나19는 곧바로 일본 전역으로 퍼졌다. 학교는 휴교하고 회사는 재택근무에 돌입하여 의료는 궁지에 몰리고 마스크는 매진되는 등 생활이 완전히 달라졌다. 인류 역사상 최악이라는 팬데믹(세계적 대유행)이 우리를 덮친 것이다.

팬데믹이 찾아오자 대학에서는 모든 교육과 연구 활동이 온라인으로 진행되었다. 강의와 실습, 학생 면담이나 토론, 회의, 공동 연구자와의 교류는 물론 술자리까지 컴퓨터 모니터를 통해 커뮤니케이션하는 것이 당연한 시간을 보냈다.

대학뿐만이 아니었다. 모든 교육 현장에서 사람과 사람 사이의 교류가 단절되었다. 팬데믹이 감수성이 풍부한 아이들이나 어린 학생들의 마음 건강과 학습에 지대한 영향을 준 것은 분명하다.

그리고 '삼밀'(밀폐·밀집·밀접)을 피해 얼굴을 마주하는 교류가 사라진 가운데 10대, 20대 등 젊은이들의 자살이 증가하는 추세가 관찰되어 사회적으로 우려를 낳았다.

일본은 세계적으로도 자살률이 높은 나라로 알려져 있다. 그리고 후생노동성이 발표한 자살 통계[1]를 보면, 팬데믹 전인 2019년의 자살자 수는 2만 169명이었는데 그중 남성이 1만 4,078명으로 자살자의 대략 70%를 차지했다. 통계에 따르면 2004년부터 여성보다 남성의 자살이 많은 경향이 매년 관찰되었다.

자살은 왜 남성에게 더 많을까?

여러 가지 원인이 보고되었으나 주로 남성이 가지고 있는 생물학적 특징과 남성을 둘러싸고 있는 사회적 배경이 영향을 미쳤을 것이라고 한다[2, 3]. 예를 들어 오래전부터 언급된 원인은 남성이 문제에 직면했을 때 적대적, 공격적, 충동적인 행동을 하는 경향이 있다는 것이다. 즉 자살하려고 결심했을 때 남성은 일반적으로 확실하게 죽음에 이르는 방법을 선택하는 경향이 있다고 알려져 있으며, 실제로 행동으로 옮겨 완수한 자살이 여성보다 두 배 더 많은 등 남녀 간에 차이가 있다.

♂ 젊은 여성의 자살 증가

그러나 코로나 사태를 맞아 젊은 여성의 자살 증가율이 특히 두드러진다는 보고가 있었다. 요코하마시립대학 부속 병원과 게이오기주쿠대학 의학부 공동 연구팀은 후생노동성이 발표한 사망 통계 데이터를 이용하여 10년 동안의 자살 데이터와 관련된 분석을 실시했고, 코로나 사태 때는 10~24세 여성의 자살이 현저히 증가했다는 사실을 확인했다[4](그림 6-1). 젊은 여성층에서 자살이 눈에 띄게 증가했다는 것은 사회적 기반이 약한 여성이 실업 등으로 인한 경제적 영향에 취약하기 때문인 것으로 예상하고 있다.

여성의 사회 진출이 대두된 지는 오래되었으나, 남녀 격차 현상을

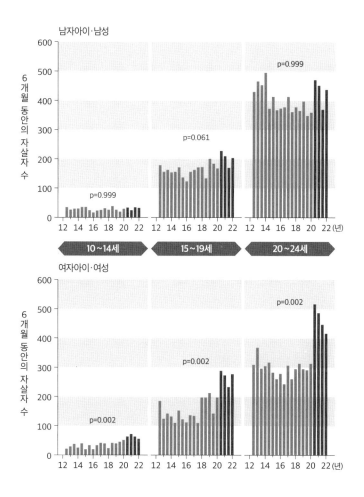

그림 6-1 일본의 자살로 인한 사망자 수

옅은 회색은 코로나 사태 이전인 2012년 7월부터 2020년 6월까지, 짙은 회색은 코로나 사태 이후인 2020년 7월부터 2022년 6월까지의 자살로 인한 사망자 수를 나타낸다.

참고문헌[4] (https://doi.org/10.1016/S2215-0366(23)00159-1)을 참고하여 작성함.

나라별로 데이터화한 젠더 갭 지수[*1]를 보면 일본은 2023년 전 세계 146개국 중 125위[*2]로, 특히 정치 분야, 경제 분야에서 남녀의 차이가 두드러졌다. 이러한 일본의 사회적 배경이 코로나 사태 당시 젊은 여성의 자살률 증가 현상을 만들었을지도 모른다.

그리고 연구팀은 취업 연령 이하인 10대 후반에서도 여성의 자살이 증가한다는 것은 '주변 사람과의 관계성을 중시하는 여성이 코로나 사태로 인해 타인과의 접촉이 감소하여 정신적으로 영향을 받았을 가능성이 있다'고 추정했다[(5)]. 또한 여성이 가정 내 폭력 및 학대의 대상이 되기 쉽다는 사실도 지적하며, 코로나 사태 때 집에 머무는 시간이 길어지면서 그에 따른 영향이 실체화되었을 가능성도 생각해볼 수 있다.

🜨 스트레스와 잘 지내는 법

같은 문제를 경험하더라도 정신적 부담이나 신체, 건강에 미치는 영향의 정도는 사람마다 다르다. 이는 스트레스를 받았을 때 효과적으로 줄일 수 있는지가 그 사람이 처한 상황이나 자질에 따라 다르

---

*1 경제, 교육, 건강, 정치 등 4개 분야의 데이터로 구성된 지수. 세계경제포럼이 발표하고 있다.
*2 한국은 105위였고, 2024년에는 일본이 118위, 한국이 94위를 기록했다.-옮긴이

기 때문이라고 생각된다. 스트레스를 느낄 때 잘 대처하려는 행동을 스트레스 코핑이라고 하며 스트레스 대처 방법에도 남녀 간에 차이가 있다고 알려져 있다.

2004년부터 2014년까지 스트레스 대처 행동과 남녀 차이에 대한 대규모 조사가 일본에서 진행되었다[6]. 이 연구는 35세부터 69세까지의 일본인 남녀 7만 9,580명을 대상으로 스트레스에 대한 자각과 대처 방법을 조사했다.

대상자에게 설문 조사를 실시하여 확보된 응답을 토대로 통계 분석을 진행했다. 설문 항목은 스트레스에 대한 것이었으며, 최근 1년간 스트레스를 '전혀 느끼지 않았다', '그다지 느끼지 않았다', '다소 느꼈다', '많이 느꼈다'라는 4단계로 응답을 받았다. 또한 스트레스에 대처하는 방법과 관련해서는 '감정을 표현한다', '정신적인 도움을 구한다', '긍정적으로 해석한다', '적극적으로 문제를 해결한다', '흘러가는 대로 내버려둔다'라는 5가지 항목으로 나누어 각 방법을 취하는 횟수를 4단계('거의 하지 않는다', '가끔 한다', '자주 한다', '매우 자주 한다') 중에서 선택하도록 했다.

스트레스 대처법과 스트레스 자각에 대해 조사한 결과, 대처 행동과 실행 빈도는 남녀가 거의 비슷한 것으로 나타났다. 그러나 정신적 도움을 구하는 방법은 남녀 사이에 차이가 있었는데, 여성의 약 80% 이상이 '가끔' 이상을 선택한 반면, 남성은 절반 이상이 '거의 하지 않는다'고 응답했다. 또한 스트레스 자각에 대해서는 '많이 느졌다'고 응답한 비율이 여성이 약간 많았지만, 전체적으로 남녀가 비슷했다.

그리고 약 8.5년간의 추적 조사를 통해 그사이에 사망한 1,861명(여성 645명, 남성 1,216명)의 스트레스 대처 방법과 전체 사망자 수[3]의 관계를 조사했다.

여성은 '감정을 표현한다', '정신적인 도움을 구한다', '흘러가는 대로 내버려둔다'는 방법을 '가끔 한다'는 여성이 '거의 하지 않는다'를 선택한 여성보다 전체 사망 위험이 약 20% 정도 낮은 것으로 나타났다.

남성은 '감정을 표현한다'를 '가끔 하는' 남성과 '긍정적으로 해석한다', '적극적으로 문제를 해결한다'를 '가끔/자주/매우 자주 하는' 남성의 경우 전체 사망 위험[4]이 15~41% 정도 낮다고 밝혀졌다. 이러한 일본의 대규모 조사를 통해 스트레스에 대처하는 행동과 전체 사망 위험의 관련성이 확인되었고 남녀 간에 차이가 있음을 간접적으로 알 수 있었다.

[3] 모든 원인에 의한 사망을 말한다.
[4] 다만 추적 기간에 따라 다르다.

⚤ '남성 뇌' VS '여성 뇌'

오래전부터 남성과 여성은 사회와 관계하는 법이나 행동, 사고 패턴 등에서 차이가 있다고 알려졌고, 실제로 이를 뒷받침하는 연구 보고도 있다. 이렇게 성별에 따라 차이가 나타나는 이유는 남성과 여성의 뇌가 다르기 때문이라고 여겼다.

2000년에 출간된 『말을 듣지 않는 남자 지도를 읽지 못하는 여자』는 세계적인 베스트셀러가 되었다. 앨런 피즈와 바바라 피즈 부부가 쓴 이 책은 실제 체험과 유머가 듬뿍 담겨 있어 일본에서도 큰 화제가 되었다. 일본어판의 책 표지에는 '남성 뇌·여성 뇌기〔수수께끼〕를 푼다'라는 부제가 적혀 있다.

이 책 때문이라고 할 수 있을지 모르겠지만 '남성 뇌'와 '여성 뇌'라는 인식이 일반 대중들 사이에도 퍼져나갔다. 여성이 '공감 지향'인 데 비해 남성이 '해결 지향'이라는 말도 자주 듣는다. 상담할 때 여성은 상대방이 이야기를 듣고 공감해주기를 바라는 반면 남성은 구체적인 해결 방안을 제시해주기를 바란다는 것이다. 이처럼 남녀의 뇌는 서로 대조되는 것으로 여겨졌다.

∂ 성별에 따라 뇌가 다를까?

실제로 남성과 여성의 뇌에는 차이가 있을까?

뇌가 원인인 질환이나 행동, 인지 기능은 성별에 따른 차이가 관찰된다. 질환을 예로 들어보면, ADHD(주의력 결핍·과다행동 장애), 자폐증, 실독증, 흘음(말더듬), 뚜렛 증후군[*5], 젊은 나이에 발현되는 조현병 등은 남성의 발병 가능성이 높다고 알려져 있다[(7)]. 여성의 발병 가능성이 높은 질환은 거식증, 과식증, 늦게 발현되는 조현병, 외상 후 스트레스 장애(PTSD), 불안 장애, 우울증 등이 있다.

또한 행동이나 인지 기능과 관련해서는 오래전부터 공격성이나 리스크 테이킹[*6], 심적 회전[*7], 표정 인식[*8] 등에서 성별에 따른 차이가 있다고 알려져 있다[(8-13)]. 이렇듯 질환과 뇌 기능에 성차가 있어서 뇌 조직에 어떠한 차이가 있다고 여겼다.

남녀 뇌의 차이를 밝히기 위해서 오래전부터 고전적인 해부학 연구와 실험 동물을 이용한 연구 등이 진행되었다. 이러한 연구를 통해 예전에는 남녀의 뇌 형태나 크기가 다르다고 보았다. 또한 어느

---

*5 자신의 의지와 상관없이 신체 어느 부분이 갑자기 반복해서 움직이는 '틱' 증상이 복잡하게 나타나는 질환을 말한다.
*6 위험(리스크)을 인지하고도 행동하는 것을 말한다.
*7 마음속에 떠오른 이미지를 회전 변환하는 인지적 기능을 말한다.
*8 타인의 표정을 보고 순간적인 감정을 인지하고 처리하는 것을 말한다.

특정한 신경핵(신경세포가 덩어리로 모여 있는 곳)이나 뇌 영역 또한 형태나 크기 등이 다르다고 파악했다.

예를 들어 좌뇌와 우뇌를 연결하는 뇌량이라는 부분은 남성보다 여성이 더 크다는 것은 뇌 연구 분야에서 널리 알려진 사실이다. 그러나 이는 지금으로부터 40여 년 전인 1982년에 남성 9명, 여성 5명이라는 제한된 수의 해부 데이터를 토대로 한 연구라[14] 현재는 부정적으로 보고 있다.

🔗 성염색체와 뇌의 관계

원래 해부학적으로 뇌의 형태를 연구하려면 주로 검체로 제공된 뇌를 조사하는 방법을 사용했으니 분석할 수 있는 수가 한정적이었다. 또한 사후에 시간이 경과한 뇌에 어떠한 변화가 생겼을 수도 있고, 구명 또는 연명을 위한 처치 과정에서 예상치 못한 변화가 생겼을 가능성도 있다. 그래서 관찰 결과가 편향되었을 가능성을 부정할 수 없다.

그러나 분석 기술의 발달과 함께 살아 있는 상태에서 뇌를 조사할 수 있게 되었다. 혁신적인 기술 중 하나인 MRI(자기공명영상)는 생체 내부 정보를 영상으로 만드는 방법이다. 현재는 주로 임상 의료 현장에서 이용하고 있으며, 미국의 화학자 폴 로터버 박사와 영국의 생물학자 피터 맨스필드 박사는 이 방법을 발견한 공로로 2003년에 노벨 생리의학상을 받았다.

MRI는 성별에 따른 뇌의 차이와 관련된 연구에도 활용되고 있다. 미국 국립 정신건강연구소는 방대한 수의 뇌 MRI 영상이 등록되어 있는 데이터베이스를 이용하여 1,000명 이상의 데이터를 바탕으로 다양한 뇌 영역에서 남녀의 회백질(뇌에서 다수의 신경세포가 밀집해 있는 부분)의 양을 비교했다. 그리고 어느 한쪽에 회백질이 더 많다고 생각되는 몇 개 영역을 찾아냈다[15]. 게다가 성별에 따른 차이가 있을 것이라고 여겼던 영역의 세포에 작용하는 유전자 대부분이 X염색체나 Y염색체 유전자라는 것이 확인되었다. 즉 적어도 부분적으로는 성별에 따른 뇌 크기 차이가 있고, 성염색체 유전자의 작용에 의해 차이가 생기는 것일지도 모른다는 것이다.

다만 이러한 유전자의 작용이 우리에게 어떠한 성차를 초래하는지, 구체적인 기능 등에 대해서는 밝혀지지 않았다.

🜨 성별에 따른 차이보다 개인차가 크다

타고난 성염색체와 유전자로 인해 뇌의 특징이 결정될지도 모른다. 그러나 뇌는 성별에 따른 차이보다 개인차가 크다고 여겨진다.

도쿄대학 대학원 종합문화연구과의 요츠모토 유코 교수에 따르면, 뇌는 성별에 따른 차이를 한참 웃도는 개인의 차이가 존재한다고 한다[16]. '성차' 연구는 간단하게 말하면 '평균값의 차이'를 찾아내는 연구라고 할 수 있다. 예를 들어 남성의 평균 키와 여성의 평균 키를 비교하면 남성이 너 크나는 사실은 모두 알고 있을 것이다. 이것은 세계 어느 나라, 어느 지역에서도 똑같은 경향이 일관되게 나타나므로, 키는 명확하게 성별에 따른 차이가 있다고 볼 수 있다.

하지만 그렇다고 해서 반드시 남성이 여성보다 키가 큰 것은 아니다. 남성 중에는 여성의 평균 키보다 작은 사람도 있고 여성 중에는 남성의 평균 키보다 큰 사람도 있다. 이처럼 우리가 가진 신체 특징이나 능력을 측정하면 반드시 불균형(개인차)이 존재한다. 즉 남녀 사이에서 평균을 잡았을 때 차이가 나는지가 아니라 그 차이가 어느 정도인지도 중요하다.

그림 6-2를 살펴보자. 검은색 선과 회색 선은 남녀 중 어느 쪽을 나타내며, 어떤 특징이나 능력의 측정값 분포를 나타내고 있다. 왼쪽 그림은 두 그룹 사이의 평균값에 큰 차이가 있다. 즉 개인차도 있지만 명확한 성별에 따른 차이를 확인할 수 있는 것이다.

반면 오른쪽 그림은 두 그룹 간의 평균값의 차이가 작기 때문에 성별에 따른 차이보다 훨씬 큰 개인차가 존재한다. 사람의 뇌나 능력은 이 그림과 같은 상태와 비슷하다. 즉 성별에 따른 차이가 있어도 남성이라서 이렇게, 여성이라서 이렇게 결정될 수는 없다는 것이다.

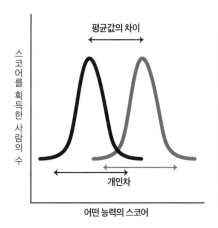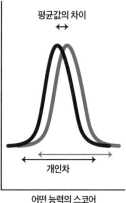

그림 6-2 성별에 따른 차이와 개인차의 관계

가로축은 '어떤 능력의 스코어', 세로축은 '그 스코어를 획득한 사람의 수'를 나타낸다. 검은색과 회색 선은 각각 남성 또는 여성을 가리킨다. 왼쪽 그림은 각 성별의 평균값이 더 많이 차이 나기 때문에 성별에 따른 차이가 크다는 것을 의미한다. 반면 오른쪽 그림은 평균값의 차이가 있더라도 아주 미미해서 성별에 따른 차이보다 훨씬 큰 개인차가 존재한다.

🔗 조엘의 '모자이크 뇌'

2015년, 원래 뇌에는 성별에 의해 크기나 형태, 작동 방식이 결정되는 패턴 등이 없다는 내용의 혁신적인 연구가 발표되었다[17].

이스라엘의 텔아비브대학의 조엘 다프네 박사를 필두로 하는 연구진은 1,400명 이상의 뇌 MRI 데이터를 이용하여, 우선 남녀를 비교하여 뇌의 회백질 부피에 차이가 보이는 10개 영역을 동정*9했다. 10개 영역 중에서도 특히 차이가 보이는 곳은 본능적인 행동과 기억에 영향을 미치는 왼쪽 해마와, 학습과 기억 시스템에 중요한 역할을 담당하는 왼쪽 꼬리핵이라는 영역이었는데, 대부분은 남녀 간에 중복되어 나타났다(그림 6-3). 즉 성차가 보이긴 하지만 차이가 작아서, 그림 6-2의 왼쪽 표와 유사한 패턴이 나타났다.

그리고 각 뇌 영역의 측정값을 '남성스럽다', '중간', '여성스럽다'로 단계를 나누어 구성해보았다. 그림 6-3은 10개 영역에서 측정된 값을 나타내며 세로축 1열이 1명에 해당한다.

분석 결과, 남녀 대부분 회백질 부피는 중간을 나타냈다(그림 6-3에서 흰색 삼각형 표시). 게다가 모든 뇌 영역이 어느 한쪽으로 치우친 사람은 단 2.4%이고 대부분의 사람들은 남성 쪽 값과 여성 쪽 값이 혼재되어 나타난다. 즉 인간의 뇌는 남녀의 특징이 뒤섞인 모자이크 상태라고 밝혀진 것이다.

이 연구 결과가 발표되자 같은 생각을 가진 과학자들은 '뇌 성차 연구의 브레이크스루'라고 칭찬하며 '모자이크 뇌'라는 개념을 적극적으로 지지했다. 반면 고전적인 성차 연구를 진행해온 과학자들은 크게 반발했다.

*9 화학적 분석과 측정 등을 통해 동일 여부를 확인하는 것을 뜻한다.-옮긴이

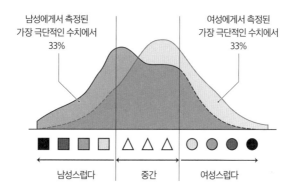

남성에게서 측정된
가장 극단적인 수치에서
33%

여성에게서 측정된
가장 극단적인 수치에서
33%

남성스럽다   중간   여성스럽다

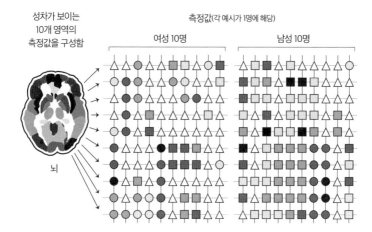

성차가 보이는
10개 영역의
측정값을 구성함

측정값(각 예시가 1명에 해당)

여성 10명   남성 10명

뇌

그림 6-3 모자이크 뇌

뇌의 회백질 부피에 성차가 보이는 10개 영역에 대하여 1,400명 이상 중에 여성 10명, 남성 10명의 측정 결과를 발췌했다. 각 뇌 영역의 측정값을 남성스러운 특징(□), 중간(△), 여성스러운 특징(○)으로 각각 단계를 나누어 구성했다. 세로축 1열은 1명에 해당한다.

논문 PNAS. 2015 Dec 15;112(50):15468-73. doi: 10.1073/pnas.1509654112.를 참고하여 작성함.

게다가 이 연구는 과학자들의 연구 세계에서뿐만 아니라 일반 대중에게도 큰 임팩트를 주었다. '모자이크 뇌'는 전 세계 미디어에 보도되었고 일본에서도 인터넷 기사나 TV 프로그램 등에서 여러 번 소개되있다.

뇌의 성차에 대한 연구는 지금도 계속되고 있으며 논의가 진행되고 있다. 타고난 염색체나 유전자, 호르몬, 그리고 환경에 의해 뇌에 성차가 생긴다는 것은 분명한 사실이다. 그러나 성차를 뛰어넘을 정도의 개인차가 있다는 것은 매우 중요한 발견이라고 생각한다.

♂ 어른이 되어도 뇌는 변화한다

또한 뇌의 성차를 고려할 때 매우 중요한 포인트가 있다. 그것은 바로 '뇌는 변화한다'는 사실이다. 학습이나 연습을 통해 능력과 기술이 향상된다는 것은 누구나 알고 있는 사실일 것이다. 학습과 연습을 하면 실제로 뇌 일부가 변화한다는 것은 많은 연구에서 이미 밝혀진 바 있다[18].

뇌에는 '결정적 시기'가 있다. 이는 출생 직후부터 어릴 때의 경험에 의해 신경 회로가 유연하게 변화하는 시기를 가리킨다. 시각이나 언어 학습 등 우리의 능력과 관련된 몇 가지 뇌 영역에는 결정적 시기가 있어서 그 시기에 얻은 자극에 따라 뇌 구조가 결정된다고 여겼었다. 그리고 뇌 안 구조는 결정적 시기가 지나면 변화가 정지되지만, 뇌 안에 결정적 시기가 지나도 평생 변화하는 영역이 있다고 알려져 있다.

예를 들어 마카크 원숭이의 행동 실험을 통해, 눈으로 들어온 신호를 받아서 처리하는 시각겉질(피질)이라는 뇌 영역의 신경세포가 어른이 되어서도 새로운 회로를 만든다는 사실이 밝혀졌다[19]. 즉 우리의 뇌는 어른이 되어서도 끊임없이 변화하는 유연성을 갖추고 있다는 것이다.

또한 결정적 시기가 시작되는 메커니즘과 종료시키는 브레이크가 되는 메커니즘에 대한 연구도 진행되어 결정적 시기는 연령 등 시기가 고정된 것이 아니라는 사실도 밝혀졌다[20].

🔗 젠더 갭과 뇌

그리고 사회나 교육 등 환경이 성별에 따른 뇌 발달의 차이에 영향을 미친다는 내용인 젠더 지수와 뇌 구조의 관련성을 비교하는 연구가 있다.

교토대학 의학부 부속 병원을 필두로 하는 국제 연구팀은 29개국에 이르는 공동 연구를 통해 18~40세의 건강한 남성 3,798명과 여성 4,078명의 뇌 MRI 영상 분석을 진행했다[21]. 그리고 실험 참가자의 나라마다 젠더 갭 지수 및 성 불평등 지수*10에서 산출한 성별 간 불평등 지표와 뇌 구조의 관련성을 분석했다.

그 결과 사회적 성차, 즉 남녀 간 불평등이 큰 나라일수록 우측 대뇌 반구의 표면에 신경세포가 모여 있어, 남성보다 여성의 대뇌피질 두께가 얇다는 사실이 밝혀졌다. 반대로 남녀 불평등이 없는 나라의 실험 참가자들은 남녀의 대뇌피질 두께에 차이가 보이지 않았다. 참고로 이 연구에서 일본의 불평등 지수는 29개국 중 12위로, 상위권을 차지한 북유럽 국가들에 비해 피질 두께의 남녀 차이가 컸다.

대뇌피질은 지각, 수의 운동, 사고, 추리, 기억 등 뇌의 모든 고차 기능을 담당하는 부분이다. 이 연구는 이렇게 중요한 기능을 가진 뇌의 성차는 선천적으로 타고난 유전자나 염색체 등보다 태어난 후 성장 환경의 영향이 크다는 사실을 보여준다.

𝛔 뉴로섹시즘

'남녀의 뇌는 선천적으로 타고난 구조가 달라서 행동이나 사고 방식이 다르며 각 성별마다 잘하는 것과 못하는 것이 있다'는 사고방식

---

*10 성과 생식에 관한 건강, 여성 임파워먼트(여성의 권한과 역량), 노동 시장 참여라는 세 가지 측면으로 구성된 지수. 유엔 개발 계획(UNDP)이 발표하고 있다.

을 '뉴로섹시즘'이라고 부른다. 제4장에서 이야기한 바이너리적 사고 중 하나로, 과학적 근거가 부족함에도 불구하고 지금도 여전히 우리 사회에 깊숙이 자리 잡고 있다.

뉴로섹시즘의 가장 큰 문제점은 차이나 다름이 타고난 것이라 바꿀 수 없다는 고정관념이 생긴다는 것이다. 이 장에서 뇌는 교육이나 환경에 따라 변화할 수 있다고 이야기했으나 뉴로섹시즘적 사고는 이러한 성질을 전부 무시하고 고정관념으로 개인의 능력을 판단한다. '남성은 이과', '여성은 문과'를 비롯하여 원래 평등하게 주어져야 할 교육과 취업의 기회가 젠더 때문에 방해받기도 하는 것이 현실이다.

이러한 바이너리적 사고가 무의식중에 작용하여 주변 사람들이나 본인조차 알지 못하는 경우도 많다고 생각한다. 예를 들어 '남자니까', '여자니까'라며 선택적으로 주어진 교육이나 경험으로 인해 길러진 '남성적' 또는 '여성적'이라는 능력과 행동이, 마치 원래 타고난 것처럼 받아들여지는 것이다.

더 나아가 사실 개인의 노력과 능력으로 달성한 결과가 '남자라서 할 수 있었다' 또는 '여자라서 할 수 있었다'처럼 개인의 노력이나 능력을 과소평가하기도 한다. 즉 개인이 가진 다양성을 경시하여 가능성을 차단시킬 수도 있는 것이다.

♂️ 무의식적 편견

그래서 개인이 가진 능력과 가능성을 최대한 끌어낼 수 있도록 무의식적 편견을 알아내는 것이 주목받고 있다.

'무의식적 편견'은 2002년에 노벨 경제학상을 수상한 행동경제학의 선구자인 미국 프린스턴대학의 명예 교수 대니얼 카너먼이 제창한 개념으로, '무의식에 자리 잡고 있는 편견'이나 '자신이 깨닫지 못하는 편향적 관점'을 말한다.

무의식적 편견은 누구나 가지고 있고 우리의 일상에 넘쳐난다. 무의식적 편견 자체가 나쁜 것만은 아니다. 자신이 경험이나 지식을 토대로 가설을 세우고 빠르게 행동으로 옮길 수 있어서 합리적이라는 좋은 면도 있다.

우리의 뇌에는 매일 방대한 정보가 들어오기 때문에 빠르게 처리할 필요가 있다. 그래서 경험이나 지식을 바탕으로 '이럴 것이다'라는 '지름길'을 사용하여 일상생활을 하고 있다. 다만 '지름길'은 편하지만 종종 부정확한 판단이 되기도 한다.

우리에게 친숙한 무의식적 편견의 예를 들자면 끝도 없지만, '집안일·육아는 여성이 할 일', '힘쓰는 일은 남성이 할 일', '여성은 세심하다', '남성은 기댈 수 있는 존재다' 등등이 대표적이다.

내가 실제로 겪은 일도 많다. 예를 들어 대학 연구실에 어느 시약회사의 영업 사원이 방문했을 때의 일이다. 그는 나를 보자마자 "비서분이신가요?"라고 물었다. 그 사람에게 대학의 이과 계열 연구실 교수는 당연히 남자이고, 그는 아마도 '구로이와 교수'라는 이름에서도 틀림없이 투박하고 관록 있는 남성 교수의 모습을 상상했을 것이다. 그리고 여자가 교수일 것이라고는 꿈에도 생각해본 적이 없을 것이다.

무의식적 편견은 자연스럽게 자라는 것이라 생기는 것 자체를 피할 수는 없지만, 깨닫지 못하면 주변 사람들에게 악영향을 끼치거나 심지어 자기 자신의 선택지나 가능성을 좁게 만드는 폐해가 생길 수도 있다. 스스로 무의식적 편견이 있다고 '깨닫는' 것이 중요하다.

최근에는 무의식적 편견에 대한 연수를 진행하는 기업이 늘어나는 등 무의식적 편견이라는 개념이 사회적으로도 주목을 받고 있다. 젠더와 상관없이 개인의 능력이나 특성이 충분히 발휘될 수 있는 사회를 지향하며 국가나 행정 기관, 민간 기업, 지방 자치 단체 등에서도 무의식적 편견을 깨닫기 위한 고군분투가 진행되고 있다.

실제로 여러 대학에서 대학 학장이나 이사 등 임원을 대상으로 젠더 바이어스(성 역할에 대한 편견)에 대한 교육 세미나나 스터디 모임을 진행해달라는 의뢰를 받은 적이 있었다. 나의 전문 분야는 Y염색체나 유전자 관련 과학 연구이기 때문에 정중히 거절했지만, 조직의 집행부에서 활약하는 중요한 포지션에 오른 세대에게 오랫동안 키워진 편견을 깨닫는 것은 매우 중요한 일이 아닐까.

♂ 젠더리스와 Y염색체

미디어에서 나의 전문 분야인 Y염색체 연구에 대해 취재를 오는 경우가 종종 있는데, 지금까지 특히 많이 받았던 질문은 이것이었다.

"최근 남성이 여성화되는 이유는 Y염색체 퇴화의 영향인가요?"

질문 문구는 그때그때 유행에 따라 달라진다. 얼마 전에는 "초식남*11은 Y염색체가 퇴화하고 있는 것인가요?"였다. 이것이 시대에 따라 '젠더리스 남자', '화장하는 남자'로 바뀌고 남성의 패션 변화나 연애관·결혼관의 변화에 대해서까지도 'Y염색체의 퇴화와 관계가 있나?'라는 의문을 모두 가지고 있는 듯하다.

이러한 질문에 대한 정확한 대답은 'Y염색체의 퇴화와 관련성을 뒷받침할 데이터가 없어서 모르겠다'이다. 예를 들어 젠더리스 남자라 불리는 남성의 Y염색체 크기나 유전자 수를 세어본 연구 같은 것은 없다. 그래서 '모르겠다'가 정확한 답이지만, 이것만으로는 만족스럽지 않으니 "단순히 제 예상입니다만" 하고 서두를 붙여서 "상관없지 않을까요?"라고 대답한다.

제2장에서 이야기했듯이 Y염색체의 퇴화(유전자가 사라지는 진화)는 긴 시간의 스케일로 진행된다. '초식남'이라는 말이 세상에 나온

---

*11 사회적으로 받아들여지는 기존의 '남성다움'과는 반대로, 공격적이지 않고 온순하며 자기애가 강한 남성을 뜻하는 신조어-옮긴이

것은 2006년쯤으로 알려져 있는데, 10년, 20년이라는 짧은 기간의 스케일로 갑자기 남성에게 한정적으로 Y염색체 퇴화의 영향이 있다고 보기는 어렵다.

우리의 뇌가 타고난 염색체나 유전자, 호르몬 등의 영향을 받고 있다는 것은 의심의 여지가 없다. 그러나 이 장에서 이야기한 것처럼 뇌에는 이렇게 생기는 성차를 뛰어넘을 정도의 개인차가 있다. 또한 뇌는 환경에 따라 변화한다고 소개했다. 그래서 Y염색체가 퇴화(진화)하기 때문이라기보다는, 시대 흐름에 따라 변화하는 뇌가 지금까지 고정관념적인 성에 얽매이지 않고 개인의 표현 방법이나 가치관을 새롭게 만들고 있다는 표시가 아닐까.

마치며

내가 대학원생일 때 있었던 일이다.

2002년, 세계적으로 유명한 과학 잡지인 「네이처」에 「The future of sex(성의 미래)」라는 제목의 논문이 게재되었다. 단 1페이지인 짧은 논문이었는데 그 내용은 매우 충격적이었다. 논문의 내용을 요약하면 이렇다.

"현대를 살아가는 남성의 정자 기능이 떨어져 절망적인 지경에 이르렀다. 이러한 정자의 기능 저하는 정자의 산화 스트레스와 Y염색체 퇴화와 관계된 것이 아닐까?"

잔잔한 호수에 돌을 던진 것처럼, 이 논문이 발표된 후 엄청난 파장이 일어났다. 전 세계 연구자들이 Y염색체의 진화에 대해 논의하고 일본을 포함한 각국 언론에 Y염색체가 언젠가 사라질 운명이라는 'Y의 비극'과 남성의 참상이 일제히 보도되었다.

이 논문의 저자 중 한 사람은 호주국립대학(당시)의 제니퍼 그레이브스 박사다. 이 책에서 이야기한 것처럼 나는 그레이브스 박사의 대담한 발상에 영향을 받은 사람이며 Y염색체 소실과 남성의 운명에 다가가기 위한 Y염색체 연구에 인생을 바쳤다.

이 논문이 발표된 지 20년이 넘는 세월이 지났고 과학기술이 진보하면서 그때는 알 수 없었던 발견이 이루어졌다. 나의 연구도 그중 하나라고 자부한다. 반면 20년 이상이 흘렀지만 여전히 밝혀지지 않은 것도 많다. Y염색체의 수수께끼는 깊어질 뿐이다. 여러분도 시들지 않는 매력에 빠져보길 바라는 마음으로 이 책을 썼다.

지금까지 이야기한 것처럼 염색체, 유전자, 호르몬 등의 기능에서 생물학적인 성차가 있다는 사실은 분명하다. 그러나 연구자로서 이들의 기능과 성차가 만들어지는 구조를 알면 알수록 '성'의 실체는 많은 사람이 가지고 있는 '남녀'의 이미지와 큰 차이가 있었다. 성별에 따른 차이는 결코 고정되어 있지 않고 수많은 베리에이션이 있으며 때로는 성차를 뛰어넘는 개인차(개성)가 있기도 하다. 이 책을 통해 '성'이란 유연하고 다양한 것이라는 사실을 알게 되었길 바란다.

내가 쓴 책에는 되도록 최신 연구 보고를 조사하여 과학적 근거가 되는 것을 소개하고 있다. 그러나 과학적 근거가 있으니 절대적으로 맞느냐 하면 꼭 그렇지는 않다.

과학의 발견에는 100년, 200년이 지나도 변하지 않는 보편적 진리도 있지만. 대부분의 논문은 각각 그 당시 알게 된 사실의 일부를 잘라낸 것에 지나지 않는다. 연구가 진행되어 새로운 사실이 밝혀지면 지금까지 정설로 받아들였던 내용이 부정되는 일도 얼마든지 일어난다. 과학 논문이라 하더라도 어디까지나 생각해볼 만한 근거 중 하나로 보고, 절대적인 것은 아니라는 사실을 유의하길 바란다.

그리고 제6장에서 소개한 '무의식적 편견'은 사실 과학자에게도 있다고 생각한다. 연구를 통해 얻게 된 결과 자체는 사실이다. 하지만 그 결과의 해석(고찰)을 보면 과학자조차 무의식적 편견에 지배된 것처럼 보이는, 암컷(여성)이라 그렇다거나 수컷(남성)이라 그럴 것이라는 논문도 있다. 게다가 기존의 성차 연구는 서로 다른 두 종류인 수컷과 암컷이 어떻게 만들어지는지에 초점이 맞춰져 있는 이항대립형 연구가 주류였다.

과학자야말로 자신의 편견을 깨닫고 기존의 고정관념에 사로잡히지 않는 발상을 가지고 연구를 진행할 필요가 있다고 생각한다.

본문 중에 인용된 참고문헌은 극히 일부이고, 단 1페이지를 쓰기 위해 여러 논문을 훑어보았다. 그래서 집필에 상당히 오랜 시간이 걸렸다. 오랜 시간을 들여 완성한 다음에 다시 한번 처음부터 검토하고 조사하여 새로운 내용이 담긴 연구가 있으면 다시 고쳐 쓰기도 했다. 연구는 계속 진행되고 있으니 당연한 것이지만 시간이 흘러 조사할 때마다 새로운 연구가 발표되어, 끝나지 않는 작업에 막막했던 적도 있었으나 어떻게든 완성했다.

고생스럽긴 했지만 한편으로는 연구가 왕성하게 진행되고 있는, 세계적으로도 주목받는 분야라는 사실을 다시 한번 실감했다. 이 분야에 종사하는 연구자로서 수많은 논문을 살펴보는 동안 자랑스럽고 또 기쁘다는 생각이 들었다.

집필이 느린 나를 끈기 있게 기다려준 아사히신문출판 서적 편집부의 모리 스즈카 씨에게 감사의 마음을 전한다. 모리 씨에게 이야기를 들었을 때 기뻤던 마음이 집필의 원동력이 되었다.

또한 학생들을 지도해준 요시다 이쿠야 선생님, 그리고 연구실 살림을 맡아준 조교 미즈시마 슈세이 씨가 없었다면 집필에 몰두할 수 없었을 것이다.

연구실 학생들도 항상 바쁜 나를 배려하여 자립심을 가지고 연구에 힘써주었다. 일본에서는 과학 연구의 수준 저하와 연구자층의 약화가 우려되고 있다. 앞서 이야기한 것처럼 기존의 고정관념에 얽매이지 않는 새로운 발상으로 연구를 이어가는 젊은 세대의 과학자로 성장하길 바란다.

지금까지 쓴 책의 집필 후기에서는 항상 가족을 웃음 포인트로 사용하여 끝을 맺었다. 두 아들과, 아들들에게 Y염색체를 준 남편에게 감사를 전하며 마무리하겠다.

Y염색체가 우세한 우리 집은 그 후 (조사해보지 않아서 확실하진 않지만 아마도) XX형인 개를 가족으로 맞이했다. X염색체가 회복되었다고 생각했는데 최근에 (아마도) XY형인 고양이가 추가되었다.

그러나 이 책을 읽은 분이라면 이렇게 단순히 말할 수 있는 게 아니라는 것을 아시리라 생각한다. 남편과 두 아들의 Y염색체는 사라지고 있을지도 모르고, 내 몸에도 아들의, 다시 말해 남편의 Y염색체가 있을지도 모른다. 상상은 끝도 없이 이어진다.

여하튼 가족의 지지 속에 집필을 끝낼 수 있었다.

그리고 끝까지 읽어주신 여러분께 진심으로 감사드린다.

2024년 봄

구로이와 아사토

참고문헌

제1장

1. Watson JD & Crick FHC (1953) Molecular Structure of Nucleic Acids: A Structure for Deoxyribose Nucleic Acid. *Nature* 171:737-8
2. Willyard C (2018) New human gene tally reignites debate. *Nature* 558:354-5.
3. Henking H (1891) Untersuchungen über die ersten Entwicklungsvorgänge in den Eiern der Insekten. *Zeit. Für wiss*. Zool. 51:685-736.
4. Stevens NM (1905) *Studies in spermatogenesis with especial reference to the "Accessory Chromosome."* Carnegie Institution of Washington Publication pp1-32, pls. i-vii.
5. Page DC et al (1987) The sex-determining region of the human Y chromosome encodes a finger protein. *Cell* 51:1091-104.
6. Palmer MS et al (1989) Genetic evidence that *ZFY* is not the testis-determining factor. Nature 342(6252):937-9.
7. Sinclair AH et al (1990) A gene from the human sex-determining region encodes a protein with homology to a conserved DNA-binding motif. *Nature* 346:240-4.
8. 一般社団法人日本内分泌学会「ホルモンについて」https://www.j-endo.jp/modules/patient/index.php?content_id=3 (2024年1月22日閲覧)
9. Shiina H et al (2005) Premature ovarian failure in androgen receptor-deficient mice. *Proc Natl Acad Sci U S A* 103:224-9.
10. Ecker A (1875) Some remarks about a varying character in the hands of human. *Arch Anthropol* 8:68-74.
11. Hiraishi K et al (2012) The second to fourth digit ratio (2D:4D) in a Japanese twin sample: heritability, prenatal hormone transfer, and association with sexual orientation. *Arch Sex Behav* 41:711-24.
12. Zheng Z & Cohn MJ (2011) Developmental basis of sexually dimorphic digit ratios. *Proc Natl Acad Sci U S A* 108:16289-94.
13. Manning JT et al (1998) The ratio of 2nd to 4th digit length: a predictor of sperm numbers and concentrations of testosterone, luteinizing hormone and oestrogen. *Hum Reprod* 13:3000-4.
14. Manning JT & Taylor RP (2001) Second to fourth digit ratio and male ability in sport: implications for sexual selection in humans. *Evol Hum Behav* 22:61-9.
15. Manning JT (2002) *Digit ratio: a pointer to fertility, behavior, and health.* New Brunswick (NJ): Rutgers University Press.
16. Hönekopp J et al (2007) Second to fourth digit length ratio (2D:4D) and adult sex hormone levels: new data and a meta-analytic review. *Psychoneuroendocrinology* 32:313-21.
17. Crewther BT et al (2011) Two emerging concepts for elite athletes: the short-term effects of testosterone and cortisol on the neuromuscular system and the dose-response training role of these endogenous hormones. *Sports Med* 41:103-23.
18. Coates JM et al (2009) Second-to-fourth digit ratio predicts success among high-frequency financial traders. *Proc Natl Acad Sci U S A* 106:623-8.
19. Manning JT & Fink B (2020) Understanding COVID-19: Digit ratio (2D:4D) and sex differences in national case fatality rates. *Early Hum Dev* 146:105074.

20. Shi Y et al (2020) Host susceptibility to severe COVID-19 and establishment of a host risk score: findings of 487 cases outside *Wuhan. Crit Care* 24:108.
21. Guan W-J et al (2020) Clinical characteristics of coronavirus disease 2019 in China. *N Engl J Med* 382:1708-20.
22. Channappanavar R et al (2017) Sex-based differences in susceptibility to severe acute respiratory syndrome coronavirus infection. *J Immunol* 198:4046-53.
23. Jones AL et al (2020) (Mis-)understanding COVID-19 and digit ratio: Methodological and statistical issues in Manning and Fink (2020). *Early Hum Dev* 148:105095
24. Manning JT & Fink B (2020) Evidence for (mis-)understanding or obfuscation in the COVID-19 and digit ratio relationship? A reply to Jones et al. *Early Hum Dev* 148:105100.
25. Hollier LP et al (2015) Adult digit ratio (2D:4D) is not related to umbilical cord androgen or estrogen concentrations, their ratios or net bioactivity. *Early Hum Dev* 91:111-7.
26. Voracek M et al (2019) Which data to meta-analyze, and how? A specification-curve and multiverse-analysis approach to meta-analysis. *Zeitschrift Für Psychologie* 227:64-82.
27. Wong WI & Hines M (2016) Interpreting digit ratio (2D:4D)–behavior correlations: 2D:4D sex difference, stability, and behavioral correlates and their replicability in young children *Horm Behav* 78:86-94.
28. Hilgard J et al (2019) Null effects of game violence, game difficulty, and 2D:4D digit ratio on aggressive behavior. *Psychol Sci* 30:606-16.
29. Lutchmaya S et al (2004) 2nd to 4th digit ratios, fetal testosterone and estradiol. *Early Hum Dev* 77:23-8.

제2장

1. Muller HJ (1918) Genetic variability, twin hybrids and constant hybrids, in a case of balanced lethal factors. *Genetics* 3:422-99.
2. Lahn BT et al (2001) The human Y chromosome, in the light of evolution. *Nat Rev Genet* 2:207-16.
3. Yi H & Norell MA (2015) The burrowing origin of modern snakes. *Sci Adv* 1:e1500743.
4. Graves JAM (2006) Sex chromosome specialization and degeneration in mammals. *Cell* 124:901-14.
5. Gerrard DT & Filatov DA (2005) Positive and negative selection on mammalian Y chromosomes. *Mol Biol Evol* 22:1423-32.
6. 宮戸真美、深見真紀(2019)Y染色体喪失とヒトの性スペクトラム. 実験医学 vol.37, No.9.
7. Forsberg LA et al (2014) Mosaic loss of chromosome Y in peripheral blood is associated with shorter survival and higher risk of cancer. *Nat Genet* 46:624-8.
8. Forsberg LA (2017) Loss of chromosome Y (LOY) in blood cells is associated with increased risk for disease and mortality in aging men. *Hum Genet* 136:657-63.
9. Zhou W et al (2016) Mosaic loss of chromosome Y is associated with common variation near TCL1A. *Nat Genet* 48:563-8.
10. Miyado M & Fukami M (2019) Losing maleness: Somatic Y chromosome loss at every stage of a man's life. *FASEB Bioadv* 1:350-2.
11. Shin T et al (2016) Chromosomal abnormalities in 1354 Japanese patients with azoospermia due to spermatogenic dysfunction. *Int J Urol* 23:188-9.

12. Loftfield E et al (2018) Predictors of mosaic chromosome Y loss and associations with mortality in the UK Biobank. *Sci Rep* 8:12316.
13. Dumanski JP et al (2016) Mosaic loss of chromosome Y in blood is associated with Alzheimer disease. *Am J Hum Genet* 98:1208-19.
14. Wright DJ et al. Genetic variants associated with mosaic Y chromosome loss highlight cell cycle genes and overlap with cancer susceptibility. *Nat Genet* 49: 674-9.
15. Thompson DJ et al (2019) Genetic predisposition to mosaic Y chromosome loss in blood. *Nature* 575:652-7.
16. Sano S et al (2022) Hematopoietic loss of Y chromosome leads to cardiac fibrosis and heart failure mortality. *Science* 377:299-7.
17. Bianchi DW et al (1996) Male fetal progenitor cells persist in maternal blood for as long as 27 years postpartum. *Proc Natl Acad Sci U S A* 93:705-8.
18. Nelson JL (2012) The otherness of self: microchimerism in health and disease. *Trends Immunol* 33:421-7.
19. 早川純子ら (2013) 性差医学からみた自己免疫疾患. 日大医学雑誌 72:150-3.
20. Cutolo M & Castagnetta L (1996) Immunomodulatory mechanism mediated be sex hormones in rheumatoid arthritis. *Ann N Y Acad Sci* 784:237-51.
21. Verthelyi D (2001) Sex hormones as immunomodulators in health and disease. *Int Immunopharmacol.* 1:983-93.
22. Artlett CM et al (1998) Identification of fetal DNA and cells in skin lesions from women with systemic sclerosis. *N Engl J Med* 338:1186-91.
23. 高栄哲ら (2004) Y染色体ゲノム配列決定後のAZF―Y染色体AZFcパリンドローム構想を中心として―. 日本生殖内分泌学会雑誌 9:5-10.
24. 国立社会保障・人口問題研究所「出生動向基本調査（結婚と出産に関する全国調査）」https://www.ipss.go.jp/site-ad/index_japanese/shussho-index.html（2024年3月1日閲覧）
25. Levine H et al (2017) Temporal trends in sperm count: a systematic review and meta-regression analysis. *Hum Reprod Update* 23:646-59.
26. Levine H et al (2023) Temporal trends in sperm count: a systematic review and meta-regression analysis of samples collected globally in the 20th and 21st centuries. *Hum Reprod Update* 29:157-76.
27. Iwamoto T et al (2007) Semen quality of Asian men. *Reprod Med Biol* 6:185-93.

제3장

1. Takayuki Tashiro T et al (2017) Early trace of life from 3.95 Ga sedimentary rocks in Labrador, Canada. *Nature* 549:516-8.
2. Sonneborn TM (1957) Breeding systems, reproductive methods, and species problems in protozoa. *The Species Problem* 50:155-324.
3. Gliman LC (1954) Occurrence and distribution of mating type varieties in Paramecium caudatum. *J Protozool* 1(Suppl):6.
4. Nakagaki T et al (2000) Maze-solving by an amoeboid organism. *Nature* 407:470.
5. Takahashi K et al (2021) Three sex phenotypes in a haploid algal species give insights into the evolutionary transition to a self-compatible mating system. *Evolution* 75:2984-93.
6. Otter KA et al (2020) Continent-wide shifts in song dialects of white-throated sparrows. *Curr Biol*

30:3231-5.

7. Tuttle EM (2003) Alternative reproductive strategies in the white-throated sparrow: behavioral and genetic evidence. *Behav Ecol* 14:425-32.
8. Tuttle EM et al (2016) Divergence and functional degradation of a sex chromosome-like supergene. *Curr Biol* 26:344-50.
9. Lamichhaney S et al (2016) Structural genomic changes underlie alternative reproductive strategies in the ruff (Philomachus pugnax). *Nat Genet* 48:84-8.
10. Küpper C et al (2016) A supergene determines highly divergent male reproductive morphs in the ruff. *Nat Genet* 48:79-83.
11. 小林 靖尚 (2005) 雄から雌、雌から雄へと両方向に性転換する魚 オキナワベニハゼ—Trimma okinawae—. 日本比較内分泌学会ニュース 118:2-6.
12. Ryder OA et al (2021) Facultative Parthenogenesis in California Condors. *J Heredity* 112:569-74.

제4장

1. Hamer DH et al (1993) A linkage between DNA markers on the X chromosome and male sexual orientation. *Science* 261:321-7.
2. Sanders AR et al (2015) Genome-wide scan demonstrates significant linkage for male sexual orientation. *Psychol Med* 45:1379-88.
3. Ganna A et al (2019) Large-scale GWAS reveals insights into the genetic architecture of same-sex sexual behavior. *Science* 365: eaat7693.
4. Lambert J (2019) No 'gay gene': Massive study homes in on genetic basis of human sexuality. *Nature* 573:14-5.
5. Kische H et al (2017) Sex hormones and hair loss in men from the general population of northeastern Germany. *JAMA Dermatol* 153:935-7.
6. Zucker KJ (2017) Epidemiology of gender dysphoria and transgender identity. *Sex Health* 14:404-11.
7. Ryan BC & Vandenbergh JG (2002) Intrauterine position effects. *Neurosci Biobehav Rev* 26:665-78.
8. Talia C et al (2020) Testing the twin testosterone transfer hypothesis-intergenerational analysis of 317 dizygotic twins born in Aberdeen, Scotland. *Hum Reprod* 35:1702-10.
9. Sasaki S et al (2016) Genetic and environmental influences on traits of gender identity disorder: a study of Japanese twins across developmental stages. *Arch Sex Behav* 45:1681-95.
10. Polderman TJC et al (2018) The biological contributions to gender identity and gender diversity: bringing data to the table. *Behav Genet* 48:95-108.
11. Theisen JG et al (2019) The use of whole exome sequencing in a cohort of transgender individuals to identify rare genetic variants. *Sci Rep* 9:20099.
12. Conley A et al (2020) Spotted hyaenas and the sexual spectrum: reproductive endocrinology and development. *J Endocrinol* 247:R27-R44.
13. Lindeque M & Skinner JD (1982) Fetal androgens and sexual mimicry in spotted hyaenas (Crocuta crocuta). *J Reprod Fertil* 65:405-10.
14. Barrionuevo FJ et al (2004) Testis-like development of gonads in female moles. New insights on mammalian gonad organogenesis. *Dev Biol* 268:39-52.
15. Carmona FD et al (2008) The evolution of female mole ovotestes evidences high plasticity of

mammalian gonad development. *J Exp Zool B Mol Dev Evol* 310:259-66.

16. Real FM et al (2020) The mole genome reveals regulatory rearrangements associated with adaptive intersexuality. *Science* 370:208-14.

17. Kuroiwa A et al (2010) The process of a Y-loss event in an XO/XO mammal, the Ryukyu spiny rat. *Chromosoma* 119:519-26.

18. Terao M et al (2022) Turnover of mammal sex chromosomes in the Sry-deficient Amami spiny rat is due to male-specific upregulation of Sox9. *Proc Natl Acad Sci U S A* 119:e2211574119.

19. Kim G-J et al (2015) Copy number variation of two separate regulatory regions upstream of SOX9 causes isolated 46,XY or 46,XX disorder of sex development. *J Med Genet* 52:240-7.

제5장

1. World health statistics 2022: monitoring health for the SDGs, sustainable development goals. https://www.who.int/publications/i/item/9789240051157(2024年2月 1 日閲覧)

2. 循環器領域における性差医療に関するガイドライン(2010)Circulation Journal 74, Suppl. II, 日本循環器学会.

3. 福原淳範ら(2011)アディポサイトカインとその役割 アディポネクチン, レプチン, アディプシン. 日本臨床増刊号 メタボリックシンドローム(第 2 版), 221-4.

4. Page ST et al (2005) Testosterone administration suppresses adiponectin levels in men. *J Androl* 26:85-92.

5. Nishizawa H et al (2002) Androgens decrease plasma adiponectin, an insulin-sensitizing adipocyte-derived protein. *Diabetes* 51:2734-41.

6. Hara T et al (2003) Decreased plasma adiponectin levels in young obese males. *J Atheroscler Thromb* 10:234-8.

7. 大内尉義(2002)循環器病における性差—エストロゲンと動脈硬化. 日循予防誌　第37号, 31-41.

8. Drori D & Folman Y (1976) Environmental effects on longevity in the male rat: exercise, mating, castration and restricted feeding. *Exp Gerontol* 11:25-32.

9. Michell AR (1999) Longevity of British breeds of dog and its relationships with sex, size, cardiovascular variables and disease. *Vet Rec.* 145:625-9.

10. Min KJ et al (2012) The lifespan of Korean eunuchs. *Curr Biol* 22:R792-3.

11. Jannetta AB (1992) Famine mortality in nineteenth-century Japan: the evidence from a temple death register. *Popul Stud (Camb)* 46:427-43.

12. Zarulli V et al (2018) Women live longer than men even during severe famines and epidemics. *Proc Natl Acad Sci U S A* 115:E832-40.

13. 厚生労働省「国民生活基礎調査の概況」https://www.mhlw.go.jp/toukei/list/20-21kekka.html （2024年2月1日閲覧）

14. Holman CD et al (1996) Meta-analysis of alcohol and all-cause mortality: a validation of NHMRC recommendations. *MJA* 164:141-5.

15. National Institute on Alcohol Abuse and Alcoholism. Alcohol and women (1990) *Alcohol Alert* No.10

제6장

1. 厚生労働省「自殺の統計：各年の状況」https://www.mhlw.go.jp/stf/seisakunitsuite/bunya/hukushi_kaigo/seikatsuhogo/jisatsu/jisatsu_year.html（2024年2月1日閲覧）
2. 高橋祥友（2005）うつ病の有病率と自殺率の男女比. 性差と医療 2:421-4.
3. Brent DA & Moriz G (1996) *Developmental pathways to adolescent suicide.* Cichetti D, Toth SL (eds) Adolescence: opportunities and challenges. pp. 233-58. University of Rochester Press.
4. Horita N & Moriguchi S (2023) COVID-19, young people, and suicidal behaviour. *Lancet Psychiatry* 10:484-5.
5. 横浜市立大学プレスリリース「新型コロナ禍による10-24歳の自殺増加は女児・女性のみ顕著であることを確認」2023年6月22日 https://www.yokohama-cu.ac.jp/news/2023/202306022horitanobuyuki.html（2024年2月1日閲覧）
6. Nagayoshi M et al (2023) Sex-specific relationship between stress coping strategies and all-cause mortality: Japan multi-institutional collaborative cohort study. *J Epidemiol* 33:236-45.
7. McCarthy MM (2016) Multifaceted origins of sex differences in the brain. *Philos Trans R Soc Lond B Biol Sci* 371:20150106.
8. Archer J (2004) Sex differences in aggression in real-world settings: A meta-analytic review. *Rev Gen Psychol* 8:291-322.
9. Cross CP et al (2011) Sex differences in impulsivity: A meta-analysis. *Psychol Bull* 137:97-130.
10. Lippa RA et al (2009) Sex differences in mental rotation and line angle judgments are positively associated with gender equality and economic development across 53 nations. *Arch Sex Behav* 39:990-7.
11. Gur RC et al (2012) Age group and sex differences in performance on a computerized neurocognitive battery in children age 8-21. *Neuropsychology* 26:251-65.
12. Herlitz A & Lovén J (2013) Sex differences and the own-gender bias in face recognition: A meta-analytic review. *Vis Cogn* 21:1306-36.
13. Olderbak S et al (2019) Sex differences in facial emotion perception ability across the lifespan. *Cogn Emot* 33:579-88.
14. De Lacoste-Utamsing C & Holloway RL (1982) Sexual dimorphism in the human corpus callosum. *Science* 216:1431-2.
15. Liu S et al (2020) Integrative structural, functional, and transcriptomic analyses of sex-biased brain organization in humans. *Proc Natl Acad Sci U S A* 117:18788-98.
16. 四本裕子（2021）脳や行動の性差. 認知神経科学 23:62-68.
17. Joel D et al (2015) Sex beyond the genitalia: The human brain mosaic. *Proc Natl Acad Sci U S A* 112:15468-73.
18. Sohn J et al (2022) Presynaptic supervision of cortical spine dynamics in motor learning. *Sci Adv* 8:eabm0531.
19. van Kerkoerle T et al (2018) Axonal plasticity associated with perceptual learning in adult macaque primary visual cortex. *Proc Natl Acad Sci U S A* 115:10464-9.
20. Bardin J (2012) Neurodevelopment: Unlocking the brain. *Nature* 487:24-6.
21. Zugman A et al (2023) Country-level gender inequality is associated with structural differences in the brains of women and men. *Proc Natl Acad Sci U S A* 120:e2218782120.